樊胜民　樊攀　编

一起玩电子

电子制作入门、拓展全攻略

U0205527

化学工业出版社

·北京·

图书在版编目（CIP）数据

一起玩电子：电子制作入门、拓展全攻略／樊胜民，樊
攀编．—北京：化学工业出版社，2016.3（2024.3重印）
ISBN 978-7-122-26261-5

Ⅰ．①一… Ⅱ．①樊…②樊… Ⅲ．①电子器件－制作
Ⅳ．①TN

中国版本图书馆CIP数据核字（2016）第024888号

责任编辑：宋　辉　　　　　　　　　　　　　装帧设计：王晓宇
责任校对：边　涛

出版发行：化学工业出版社（北京市东城区青年湖南街13号　邮政编码100011）
印　　装：北京建宏印刷有限公司
710mm×1000mm　1/16　印张18¼　字数351千字　2024年3月北京第1版第5次印刷

购书咨询：010-64518888　　　　　　　　　　售后服务：010-64518899
网　　址：http://www.cip.com.cn
凡购买本书，如有缺损质量问题，本社销售中心负责调换。

定　　价：58.00元　　　　　　　　　　　　　版权所有　违者必究

一起玩电子 电子制作入门、拓展全攻略

前言

　　受父亲的影响，我从小就对电子制作产生了浓厚的兴趣。兴趣是最好的老师，如果你以玩的心态，对待每个制作，这些不会说话的电子元件也会变得有趣，成为你最亲密的玩伴。

　　大学毕业后，我进入了国企，所从事的工作也与电子密切相关。做自己最爱的工作，我如鱼得水，凭着兴趣与热情，在参加工作的十余年中，我利用所学知识对设备进行技改20多次。

　　由于我也经常在家设计研究一些电子制作，所以儿子也在潜移默化中渐渐喜欢上电子制作。一有闲暇时间，我就与儿子一起玩电子。在我的耐心指导下，儿子完成了一个个有趣的电子制作小产品。与儿子一起制作时，曾经发生过许多有趣的事情，甚至有时候还会发生一些"险情"。有一次，我正在忙于搭建一个刚刚设计好的电路，儿子一个人在边上玩，过了一会，听见他说："爸爸，这个导线怎么发热了？"，我扭头一看，发现他居然把电池的正负极直接用导线连接起来，于是立刻就制止了他的这一危险动作。然后，顺势向他普及了短路知识。

　　电子制作对于孩子来说，既是一件乐事，又能培养孩子的毅力。在与儿子一起搭建电子制作的过程中，经常会碰到无法实现预期的效果，却仍然找不出原因的情况。这时候我通常会跟儿子说："办法总比困难多！咱们俩再检查一遍看问题出在哪了？先找到的人有奖哟！"当找出故障，顺利排除后，制作也就完满完成了，这时儿子会激动地向他的小伙伴炫耀自己的得意制作，而儿子的小伙伴们看到之后也兴趣盎然，叫嚷着要玩电子。

　　2014年初，由于工作岗位发生变化，离家较远，只能晚上在微信上指导孩子学习电子制作知识，但从不间断。我将与儿子一起玩电子的视频发布在网上，受到很多电子爱好者以及家长朋友的关注，这对于我来说既是肯定也是前进的动力。

回忆这几年与儿子玩电子的点点滴滴，从最初的启蒙到掌握一些基础知识，再到现在的可以独立设计完成一些简单的电子制作，这就是一个电子爱好者入门的过程，以此为思路，汇集成这本书。

本书共有四章内容。

第一章，兴趣入门。电子产品早已融入我们的生活，本章引导与启发大家学习一些最基础的电子元件，并且用这些元件在面包板上设计一些经典制作。需要说明的是，本书文稿起初没有计划提供装配图，考虑到为了让初学者能够更直观地"看图制作"，我们后来又花费了大量的时间和精力来补画装配图，这些装配图可能与文稿中的面包板展示图片不一定吻合。一个电子制作的装配图不是唯一的，关键是清楚面包板结构与电子元件基础知识，就可以在制作中灵活运用。

第二章，兴趣提高。喜欢电子制作的朋友们，在本章我们会更深入地学习电子知识，包括电源的制作、可控硅的使用，以及最常见的集成电路基础知识，并且围绕集成电路设计一系列比较实用的制作。

第三章，Hello单片机。本章是拓展部分。明白单片机在电子制作中越来越普及，比如家里的空调，电视等都离不开单片机，工业控制仪表中单片机更是随处可见，在制作中使用单片机可以极大地简化电路，并且控制非常灵活。书中采用容易上手的C语言，教大家如何编写程序。最后，通过本章的学习，你可以尝试设计一款高精度的时钟，如你能独立完成，说明你已经掌握了单片机的基础知识。

第四章，焊接入门。在面包板上搭建电路，可以非常方便地调整元件，修改电路。但最终我们要将这些元件焊接在洞洞板或者PCB板上。这节就主要介绍焊接基础知识，带领大家一步步完成焊接成品。

文稿中的每个小制作包含电路图、元件详单、一起来分析、面包板制作展示、装配图（复杂电路提供）等，希望能够帮助大家更好地学习电子知识。

需要说明的是，虽然书中是我和儿子一起玩电子，但是这本书不止于孩子的电子学习，它适合任何一位零基础学习电子制作的爱好者。另外，还可以用于校本课程、兴趣制作、科技制作等培训。

本书由樊胜民、樊攀编写，张淑慧、吕文芳、张玄烨、曹春芳等为本书的编写提供了帮助，在此表示感谢。

虽然我们要求文稿完美，但由于编写时间仓促，书中或多或少有一些不足之处，恳请电子爱好者以及专业人士指正。

如果读者在看书或制作过程中有不明白的地方，可以发邮件给我（邮箱：fsm0359@126.com），也可以加技术指导微信，或者加微信公众号樊胜民工作室联系我们。为了方便读者学习和制作，书中所有试验都有演示视频，扫书后附录中提供的相应实验的二维码即可观看。书中涉及的元器件和套件，可以在樊胜民电子工作室购买。

微信技术指导二维码

微信公众号二维码

淘宝网二维码

（淘宝店网址 http://fsm0359.taobao.com）

目录

第二章　兴趣提高　　/089

第三章　Hello, 单片机!　　/186

第一章

兴趣入门

爱因斯坦说过:"兴趣是最好的老师"。

如今智能化的电子产品不断地改善大家的生活,比如太阳能光控路灯、声光控延时开关、触摸电磁炉、热红外感应报警等,你想知道其中的奥秘吗?如果你好奇心强,请一起来玩电子。

刚开始学习电子制作的读者,建议用面包板搭建电子制作平台,按照设计的电路图在面包板上插接电子元件,如果某个元件错了拔下来重新插接,元器件可以重复利用,最重要的是如果电路实验搭建错误可以重新组装,如果电路实验成功可继续下一个电子制作。

第一节　探秘面包板

　　面包板何方神圣也？它可不是为电子爱好者解馋的！面包板是入门电子制作非常重要的工具，外观上它有许多小孔，小孔内含金属弹片，金属弹片质量好坏直接决定整块面包板的优劣。电子元件按照一定的规则（电路图）直接插在小孔内，借助面包线完成设计要求，演示制作效果。在面包板上搭建电路，不需要电烙铁，不用担心烧烫伤，可以方便安全地进行入门电子制作。

一、面包板

　　常见面包板有以下三种：分别是800孔（图1-1-1）、400孔（图1-1-2）、170孔（图1-1-3）。

图1-1-1　800孔面包板

图1-1-2　400孔面包板

图1-1-3　170孔面包板

　　在今后的制作中，大多采用优质的800孔面包板，它面积大，适合做需要元器件多的电子制作。切勿因为选择了劣质的面包板而导致电子制作失败。

儿子：面包板上下为什么有红蓝两条线？

父亲：两条线是为了制作时供电方便，红色线一般接电源的正极，蓝色线接电源的负极。

爸爸给你演示一个最简单的，点亮一个发光二极管小制作（如图1-1-4）。

图1-1-4　面包板演示点亮发光二极管

儿子看了之后跃跃欲试，想自己动手制作一个，但是发光二极管并不怎么听话，有时候并不会点亮，儿子没有泄气在不断的尝试中。

 儿子：爸爸，这是怎么回事？你是怎么做到一次就成功的？

 父亲：要想在面包板上成功地点亮发光二极管，首先要了解面包板的内部结构和发光二极管知识才行，这就叫知己知彼百战不殆！我们先介绍一下电池和发光二极管。

二、2032 电池

之所以采用2032电池作为电源，是因为它电压低（3V），电流小。低电压小电流不用担心受到伤害。2032电池是直流电源（关于直流知识后面介绍），直流电有正负极之分，外观标注"+"的是正极（+），相对应的一面是负极（−），如图1-1-5、图1-1-6所示。

图 1-1-5 2032电池的正极　　　　图 1-1-6 2032电池的负极

电池图形符号（图1-1-7），也就是以后在电路图中电池的表示方法，电池用字母BT表示。

图 1-1-7 电池图形符号

 父亲：毛毛（儿子小名），刚才的冰淇淋好吃吗？

 儿子：好吃，我最喜欢吃甜的东西了。

父亲：那你知道电是什么味道吗？

 儿子：电还有味道？甜的？还是咸的？快让我尝尝！

 父亲：好，别着急，和爸爸一起做完这个小实验你就知道电的味道了。

请严格按照以下要求：在2032电池正负极交接处（图1-1-8），轻轻接触舌头（图1-1-9），为了安全，禁止用其他电源。

图1-1-8　品尝的部位

图1-1-9　品尝电的味道

 儿子：挺好玩的，甜甜的，麻麻的，我也说不好是什么味道？

 父亲：品尝电的味道，每个人感受都不太一样。

三、发光二极管

入门的读者，你能试着找到家用电器中发光二极管的身影吗？

找不见的，不要着急，告诉你吧！电视待机指示灯就是一个发光二极管，如图1-1-10所示。

一般电子制作实验中采用的是5mm发光二极管（还有3mm、10mm等），外观如图1-1-11所示，从图中可以看出发光二极管有两个引脚，并且长短不一。

发光二极管的图形符号见图1-1-12，用字母LED表示。

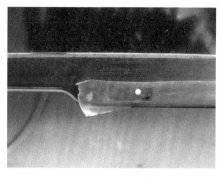

图1-1-10　电视待机指示灯

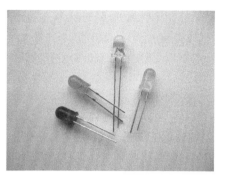

图1-1-11　5mm发光二极管

图1-1-12　发光二极管图形符号

 父亲：LED属于半导体器件（后面要讲到），在使用中需要区分正负极（也可以称为阳极与阴极）。

 儿子：LED的正负极如何辨别呢？

 父亲：一般新的LED长的引脚是正极，短的是负极。见图1-1-13。

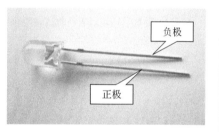

负极

正极

图1-1-13　LED长的引脚是正极

还可以从外观判断发光二极管的正负极（大部分符合以下规律）。

1.发光二极管壳体与切边靠近的引脚是负极。如图1-1-14所示。

2.观察透明的壳体，与小金属片相连引脚是正极，如图1-1-15所示。

图1-1-14　与切边相邻的引脚是LED的负极

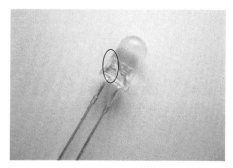

图1-1-15　透明壳内小金属片连接的是LED的正极

发光二极管导通发光的条件：发光二极管的正极需要接到较高的电压，发光二极管的负极需要接到较低的电压，并且加到发光二极管两端的电压以及电流要符合它的参数要求。如果没有按照LED发光的条件完成制作，发光二极管就要要脾气了。

四、面包板

面包板内部是金属弹片，有规则地连接在一起，这些规则是怎样的呢？需要实验来找答案，假如我们将LED的负极插在面包板任何一个孔中，与2032电池负极连接的面包线另一端插在需要验证的小孔内，LED正极与2032电池正极相连，如果能亮，说明这两插孔内部是相连的。

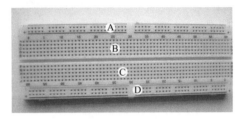

图1-1-16　面包板区域自行划分

将面包板从上到下依次划分A，B，C，D四个区域，如图1-1-16所示。

1. 探秘A区域

试验结果如图1-1-17 ～图1-1-21所示。

图1-1-17　红线插孔内部横向是连接着的

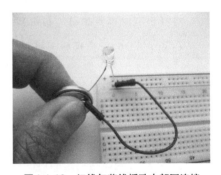

图1-1-18　红线与蓝线插孔内部不连接

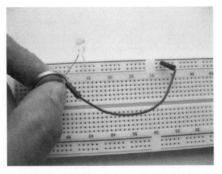

图1-1-19　在红线标记线断处，左右也就不连通了

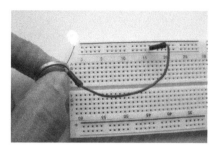

图1-1-20　蓝线与红线内部结构类似

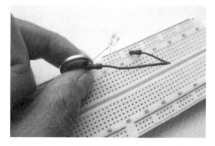

图1-1-21　面包板的右半部分，红线与
蓝线之间也不通

2. 探秘B区域

试验结果如图1-1-22 ～图1-1-25所示。

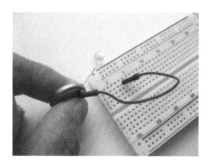

图1-1-22　蓝线与B区域不通

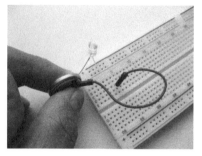

图1-1-23　红线与B区域不通

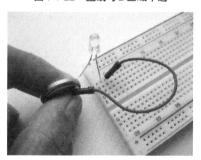

图1-1-24　B区域左右相邻不通

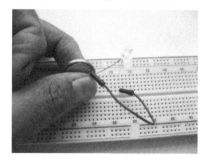

图1-1-25　B区域插孔纵向是连接着的

C、D区域与A、B类似，有兴趣的读者自己验证一下。

　儿子：面包板中间为什么要设计一条凹槽呢？

　父亲：中间这条凹槽设计是有讲究的，一般在凹槽的两边安装集成块、
拨码开关等，凹槽上下两边电气连接是分开的。如图1-1-26、图1-1-27
所示。

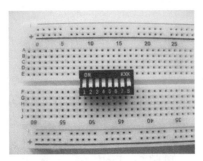

图1-1-26　拨码开关安装在凹槽处

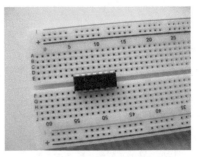

图1-1-27　集成块安装在凹槽处

 总结

A、D区域：红、蓝线插孔内部是横向连通的，但是在中间断线处左右分开（有些面包板无断线）。

B、C区域：纵向的5个插孔内部互相连通，横向的插孔都不连通。

凹槽：用于隔离B、C两部分。

面包板内部结构示意如图1-1-28所示。有些面包板在图中圆圈内是断开的。

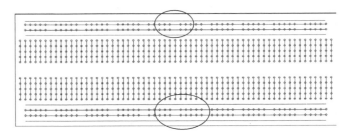

图1-1-28　面包板内部连接示意图

 儿子：爸爸，用手一直捏着电池做实验，有点累，手都酸了，有什么好的办法让我不用一直捏着电池吗？

 父亲：有啊，要想解决在面包板上电池的安装固定问题，咱们就要认真学习下一节课的内容。不过你可以将LED引脚夹在2032电池的两边来点亮，如图1-1-29所示。

图1-1-29　简单点亮LED

3. 面包板使用注意事项

① 如果不小心进水，请晾干后再使用。

② 切记不要粗暴插拔，甚至将金属线折断在孔内。

③ 不要用太粗的连接导线、元件引脚插入孔内。

④ 面包板B、C区域5个竖排的插孔不要全部占用，应该有一个用于故障测试。

⑤ 面包板上进行电子制作，连接点尽量越少越好。否则可能由于接触不良引起其他故障。

第二节　点亮更多的发光二极管——电池的串并联

2032电池作为实验电源，为了更方便地安装在面包板上给元件供电，就需要专用电池盒配合使用。

一、常见 2032 电池盒分类

2032电池座有卧式与立式两种，分别如图1-2-1、图1-2-2所示。在今后的制作中采用卧式的电池盒。

图1-2-1　卧式2032电池盒

图1-2-2　立式2032电池盒

儿子：爸爸，电池装好了，让我来把它插到面包板上。你看我做的对吗？

儿子在面包上安装电池座。如图1-2-3所示。

父亲：安装很好！通过上节课的学习，我们知道了LED是有正负极之分的，也就是在使用中需要注意极性，那你有没有想过电池盒可能也要区分正负极？

儿子：电池安装到电池座，电池座的两个引脚要有正负之分，那怎么区分呢？

父亲：需要认真观察电池座的结构，（图1-2-4）标出卧式2032电池座的正极，负极就是另一个引脚。

图1-2-3　在面包板上安装电池座

图1-2-4　电池盒的正极

儿子：2032电池能同时点亮红绿黄三个LED吗？

父亲：可以的，按照下面的步骤，试一试把它们一起点亮。

电源的正负极分别插到面包板上的红、蓝线，点亮LED，如图1-2-5所示。红蓝线点亮三个LED，如图1-2-6所示。

图1-2-5　红蓝线上点亮一个LED

图1-2-6　红蓝线点亮三个LED

（分别为红、绿、黄）

二、装配图

考虑到大家是刚开始学习电子制作的爱好者，在面包板上搭建电路还不是很熟悉，书中部分制作提供面包板装配图，装配图就是元件在面包板上的布局，一个电子制作装配图不是唯一的，关键是大家一定要熟悉元器件，了解面包内内部结构以及认识电路图，如图1-2-7是点亮三个LED的装配图。

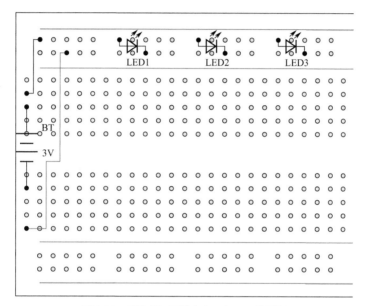

图1-2-7　面包板A区域点亮三个LED装配图

在B区域点亮一个LED，如图1-2-8所示。

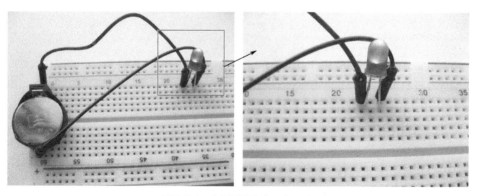

图1-2-8　在B区域点亮一个LED

在B区域点亮三个LED，如图1-2-9所示。装配图见图1-2-10。

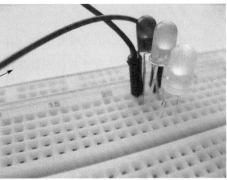

图1-2-9　B区域点亮三个LED

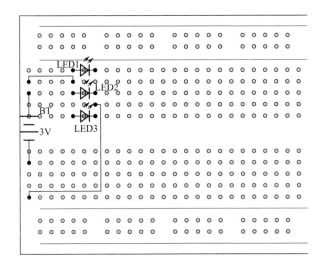

图1-2-10　面包板B区域点亮三个LED装配图

父亲：刚才实验中三个LED的正极都与电源的正极连接，三个LED的负极都与电源的负极连接，我们称之为是并联。

儿子：LED的并联我清楚了，还有其他的连接方法吗？

父亲：还有LED串联，以两个LED为例，第一个LED的正极与电源的正极连接，第一个LED的负极与第二个LED的正极连接，第二个LED的负极与电源的负极连接。

儿子：好的，按照你讲的，我要实验一下，两个LED串联亮起来。

三、两个LED串联

儿子开始实验，结果没有亮起来，如图1-2-11所示。

 儿子：为什么没有亮呢？

 父亲：前面两个LED并联，每个LED的电压都接近电源，并且达到LED的电压要求，点亮无任何问题。而在两个LED串联时，每个LED上的电压只有电源电压的一半，两个LED共同分担了电源电压，LED上的电压不能达到所需的电压，所以不会发光。

图1-2-11　两个串联的LED不亮

5mm的LED电压要求：一般情况下红色、黄色LED1.8 ～ 2.1V，绿色的LED2.0 ～ 2.2V，白色的LED一般为3.0 ～ 3.6V，电流一般不要高于20mA。

 儿子：电源电压如何提高呢，提高后是不是可以点亮串联的LED呢？那怎么办？我想让串联的LED也亮起来。

 父亲：别着急，跟爸爸一起来想办法。串联的两个LED之所以不亮，是因为不能达到所需的电压，那我们可以想办法提高电压，比如说，我们可以串联两个2032电池，电源电压是6V。

四、电池串联

电池的串联，如图1-2-12所示。

在面包上完成两个电池的串联的步骤如下。

① 将两个电池座分别插在面包板上（图1-2-13）。

图1-2-12　两个电池串联，"叠罗汉"

② 第一个电池的负极与第二个电池的正极相连（图1-2-14）。

③ 第一个电池正极与第二个电池负极之间就组成串联电路（图1-2-15）。

电池串联点亮LED（两个LED也是串联），如图1-2-16所示。

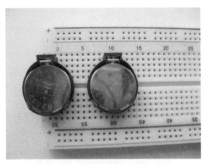

图1-2-13　两个电池座分别插在
面包板上

图1-2-14　第一个电池的负极与
第二个电池的正极相连

图1-2-15　组成串联电压

图1-2-16　电源电压升高后
LED串联并且点亮

儿子：红、绿、黄色的LED工作电压都小于3V，电源的电压是3V，会烧
坏吗？

父亲：严格地讲需要串联电阻器（简称电阻），短时间是不会烧坏的，
放心大胆的去制作。

儿子：什么是电阻呢？

父亲：电阻是电子制作中必不可少的元件，几乎所有的电子制作中都有
它的身影。下节我们再认识并且与它交朋友。

 总结

　　两个电池的串联：第一个电池的负极与第二个电池的正极相连，从
第一个电池正极与第二个电池的负极获得的电压就是每一个电池电压
的两倍。

第三节　LED亮度我做主—电阻的秘密

在前面点亮LED小制作的基础上，电池的正极与LED的正极之间分别跨接10kΩ，1kΩ，470Ω，100Ω电阻观察LED的亮度。请读者自己动手试一试。

仔细观察LED的亮度变化，是变亮呢？还是变暗呢？

　儿子：通过上面的实验我明白了，串联一个合适的电阻就可以限制它的亮度。

　父亲：没错。电阻越小，LED越亮，电阻越大，LED越暗。我们还需要更深入了解电阻的基础知识。

一、电阻

电阻是电阻器的简称，在电路中最主要的作用是"降压限流"，也就是降低电压、限制电流，选择合适的电阻就可以将电流限制在要求的范围内。当电流流经电阻时，在电阻上产生一定的压降，利用电阻的降压作用使较高的电压适应各种电路的工作电压，比如说可以在电路中串联一个电阻，LED就可以接在220V的电源中。

固定电阻图形符号如图1-3-1所示，用字母R表示。

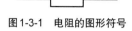

图1-3-1　电阻的图形符号

电阻单位是欧姆，简称欧（Ω）（读作 ōu mǐ ga），实际中常用的单位还有兆欧（MΩ），千欧（kΩ）。

它们之间的换算关系如下：

$$1MΩ=1000kΩ；1kΩ=1000Ω$$

小功率的电阻一般在外壳上印制有色环，色环代表阻值以及误差。本书以五色环电阻讲解，如图1-3-2所示。

图1-3-2　五色环电阻

五色环电阻表示方法，如表1-3-1所示。

表1-3-1　五色环电阻的表示方法

色环颜色	第一道色环	第二道色环	第三道色环	第四道色环	第五道色环
黑	0	0	0	10^0（$=1$）	—
棕	1	1	1	10^1（$=10$）	±1%
红	2	2	2	10^2（$=100$）	±2%
橙	3	3	3	10^3（$=1000$）	—
黄	4	4	4	10^4（$=10000$）	—
绿	5	5	5	10^5（$=100000$）	±0.5%
蓝	6	6	6	10^6（$=1000000$）	±0.25%
紫	7	7	7	10^7（$=10000000$）	±0.1%
灰	8	8	8	10^8（$=100000000$）	—
白	9	9	9	10^9（$=1000000000$）	—
金	—	—	—	10^{-1}	
银	—	—	—	10^{-2}	

　　对于五色环电阻，前三道色环表示有效数字，第四道色环表示添零的个数（也就是需要乘以10的几次方），第五道色环表示误差。计算出阻值的单位是欧姆。

　　比如一个电阻的色环分别是黄、紫、黑、棕、棕。

　　对应的电阻是470×10，也就是4.7kΩ，误差是±1%。

　　对于五色环电阻，大多数电阻多用棕色表示误差，棕色色环是有效色环，还是误差色环，就要认真区分了，一般情况下，第四道色环与第五道色环之间的间距稍大，实在不能区分，只能借助万用表测量（如何使用万用表请大家搜索资料，本书不做讲解）。

当电流流过电阻时，由于电流的热效应，电阻会发热，当消耗功率过大，超过它的额定功率时，电阻就有可能烧毁。一般情况下，同样阻值的电阻，功率大的体积也相应大。

本书做实验全部用的是金属膜电阻，它也是五色环电阻，如图1-3-3所示，功率是0.25W。

图1-3-3　金属膜电阻

二、电阻的串联与并联

以两个电阻为例讲解。在面板上搭建两个同样的电阻（比如470Ω）串联，如图1-3-4所示，再与LED串联，观察LED的亮度。

在面板上搭建两个同样的电阻（470Ω）并联，如图1-3-5所示，再与LED串联，观察LED的亮度。

图1-3-4　电阻的串联，首尾相连

图1-3-5　电阻的并联，肩并肩排列

儿子：观察实验结果，电阻串联LED变暗，而电阻并联LED变亮，为什么？

父亲：两个电阻串联，电流需要克服两个电阻的阻力，总电阻增加一倍（相当于940Ω）；而两个电阻并联，流过LED的电流有两条路，总电阻减半（相当于235Ω）。

一起玩电子

电子制作入门、拓展全攻略

第四节　控制两个LED明暗变化——可调电阻的使用

与固定电阻相对应的还有可调电阻，它的阻值可变，又称之为可变电阻器。可调电阻图形符号如图1-4-1所示，用字母RP表示。有三个引脚，定片1、定片2、滑动片。

常见的可调电阻外观，如图1-4-2所示。

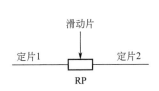

图1-4-1　可调电阻的图形符号

图1-4-2　蓝白卧式可调电阻

可调电阻有三个引脚，以图1-4-2所示蓝白可调电阻为例（参照可调电阻图形符号），引脚1与2内部连接着定片，这个定片的阻值决定这个可调的阻值最大能调整的范围，这两个引脚的阻值固定不变。在电路中一般连接定片1与滑动片或者定片2与滑动片引脚。

可调电阻阻值的识别，蓝白可调电阻与精密可调电阻的识别方法类似。见图1-4-2，可调电阻上面标注104，也就是10后面需要添加四个零，单位是Ω（即100kΩ可调电阻）。

电位器是可调电阻的一种，如图1-4-3、图1-4-4所示。图1-4-4上标注它的阻值是100k，表示调整范围是0 ～ 100kΩ。

图1-4-3　电位器侧面

图1-4-4　电位器正面

大功率线绕电位器如图1-4-5所示。

电位器可调的范围大，一般安装在面板上，需要经常调整，而可调电阻安装在电路板上，便于调试。

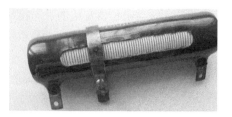

图1-4-5 线绕电位器

 儿子：爸爸，我上次在同学家看到一个很高级的台灯，旋转它上面的一个按钮可以改变光线，想亮就亮，想暗就暗，我也想尝试做一台。

 父亲：其实这种台灯的制作原理并不是很难，咱们现在就可以用现有的元器件模拟制作一个简易的调光小台灯，你愿意试一试吗？

一、制作调光小台灯

1. 元器件清单

第一章中所有实验都是在面包板上完成，所以后面实验清单中面包板以及面包线、电池座，2032电池就省略了。

元器件清单：红色LED（其他颜色也可以）、10kΩ电位器。

2. 制作

首先，将电位器插在面包板上，如图1-4-6所示。

其次，用面包线将电池、可调电阻、LED连接起来，如图1-4-7所示。

图1-4-6 电位器插在面包板上

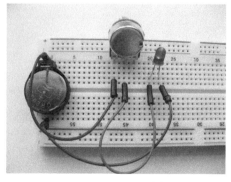

图1-4-7 调光小台灯

电源的正极与电位器左边的引脚相连，电位器中间的引脚与LED的正极相连，LED的负极与电源的负极相连，调整电位器旋钮，观察LED亮度的变化。

 注意

电位器一共有三个引脚，在调整旋钮时，比如说滑动片引脚与第一个引脚阻值逐渐变小，滑动片引脚与第二个引脚阻值是逐渐增大的。

二、两个LED明暗交替变化

1. 元器件清单

红色LED、绿色LED、10kΩ电位器。

2. 面包板制作展示

如图1-4-8所示。

电源的正极直接与电位器的中间引脚相连，两个LED的负极都与电源的负极相连，电位器左面的引脚与红色LED的正极相连，电位器右边的引脚与绿LED的正极相连。调整电位器旋钮，红LED逐渐亮起来，而绿LED逐渐熄灭。反向调整电位器旋钮，绿LED逐渐亮起来，而红LED逐渐熄灭。

3. 装配图

见图1-4-9。

通过上面的这个实验，当旋钮变化时，左面的LED亮度逐渐变亮，说明串联它的电阻越来越小，而右边的LED亮度逐渐变暗，说明串联它的电阻越来越大。

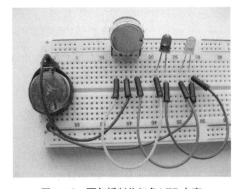

图1-4-8　面包板制作红色LED点亮

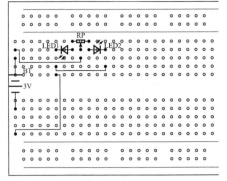

图1-4-9　装配图（可以有多种布局，仅供参考）

第五节 光控小夜灯——巧用光敏电阻

光控就是利用光线的强弱控制一些电子产品，达到一定的要求，光控电路离不开光敏电阻，它是一种特殊的电阻，对光非常敏感，称之为光敏电阻。

光敏电阻一般用于光的测量、光的控制和光电转换，光敏电阻的阻值随光照强弱而改变，对光线比较敏感，光线暗时，阻值升高，光线亮时，阻值降低。光敏电阻典型的应用就是声光控开关，如今自动化控制中也用它的身影，手机、监控摄像头、照相机中都离不开它。

 父亲：智能手机利用光敏电阻实现自动亮度控制，在手机中设置"自动亮度"，如图1-5-1所示，使用手机时，在强光下看的更清晰，而光线暗时屏幕不刺眼（屏幕亮度自动降低），能随时根据周围环境光线的强弱调节手机的亮度，这个小小的光敏电阻就是你眼睛的保护神器，同时可以延长电池的使用时间。

 儿子：在使用手机拍照时，有时闪光灯能自动打开，是不是也是光敏电阻的功能呢？

 父亲：的确如此，注意观察小区门口的监控摄像头，在晚上能自动启动红外光，拍摄清晰的图像，而白天红外光处于关闭状态，这也是光敏电阻的作用。

图1-5-1 智能手机"自动亮度"图标

光敏电阻外观，表面有波浪线，如图1-5-2所示。

光敏电阻的图形符号如图1-5-3，用字母RG表示。

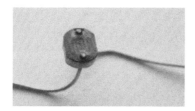

图1-5-2 光敏电阻

图1-5-3 光敏电阻的图形符号

一、光敏电阻初体验

1. 元器件清单

光敏电阻、红色LED。

2. 制作

如图1-5-4、图1-5-5所示，将2032电池，光敏电阻，LED插在面包板上，观察效果。

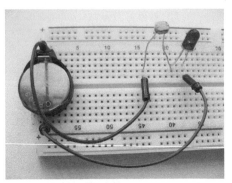

图1-5-4　光线亮时，LED点亮

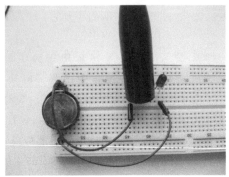

图1-5-5　光线暗（遮住光敏电阻）时，LED熄灭

 儿子：咱家的光控小夜灯是晚上，光线暗的时候点亮，怎么与刚才的实验相反呢？

 父亲：的确是相反，如何设计一款属于自己的光控小夜灯呢？一起完成下面的制作就可以了。

二、光控小夜灯

1. 元器件清单

10kΩ电阻、光敏电阻、三极管8550、红色LED、1kΩ电阻。

2. 面包板制作

为了便于大家观看制作效果图，部分采用硬质面包线，搭建电路看起来更直观，简单明了。如图1-5-6、图1-5-7所示。

如图1-5-6所示，三极管（8550）右边的引脚与电源的正极相连，左边的引脚与LED的正极相连，LED的负极与电源的负极相连，光敏电阻一端与电源的正极相连，另一端与10kΩ电阻相连，10kΩ电阻的另一端接电源的负极，光敏电阻与10kΩ电阻的交点接1kΩ电阻到三极管中间引脚。

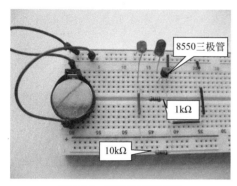

图1-5-6　有光线LED不亮

图1-5-7　无光线LED亮（用笔帽遮住光敏电阻，模拟晚上LED点亮）

三极管在后面的章节介绍，今天只需要你"照猫画虎"来完成，希望大家能认真独立完成。

3. 装配图

如图1-5-8所示。

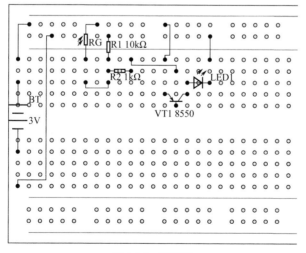

图1-5-8　装配图

第六节　究竟需要串联多大的电阻？——电压、电流和电阻的关系

前面我们提到红色LED的工作电压是1.8～2.1V，那么究竟需要串联多大的电阻，才能安全地工作在3V的供电环境中呢？

一、电压

什么是电压呢？当拧开水龙头，自来水就会源源不断流出来，自来水是供水站经过加压后送到千家万户的。类似于自来水的水压，要想发光二极管点亮，电池的正负极就必须有一定的电压差，它们的差值就是电压。电压的标准定义比较抽象，喜欢钻研的朋友可以到网上查一查。

电压用大写字母U表示。电压的单位：伏特（简称伏），用字母V表示。伏特是为纪念意大利物理学亚历山德罗·福特家伏特而命名的，他发明了伏特电池，为人类发展做出了很大的贡献。

换算单位1V（伏）=1000mV（毫伏）。

比如我们要表示2032电池的电压，就可以用"U=3V"表达。

通常家用电器工作电压是220V，实验用的2032电池电压是3V。

日常生活中常见的电池有5号电池，7号电池，它们的电压是1.5V，还有一种层叠电池，层叠电池的电压是9V，用于舞台无线话筒、万用表等，如图1-6-1所示。

图1-6-1　层叠电池

儿子：前面讲过两个2032电池串联电压是6V，那么两个电池并联电压是多少呢？

父亲：这个问题提得很好，两个电池并联后电池电压还是3V。

儿子：电池并联有什么意义呢？

父亲：两个电池串联电压增加一倍，两个电池并联电压不变，但是使用时间增加一倍。

电池并联（以两个电池为例，每个电池的正极相连，每个电池的负极相连），如图1-6-2所示，面包板红蓝线获得电压就是两个电池并联的电压。

图1-6-2 电池并联（每个电池的正极连接一起，负极连接一起）

二、电流

电流好比水流，LED能亮起来，说明有电流流过，将电能转化为光能。电流是从电池的正极流出，经过发光二极管、电阻等负载，回到电池的负极。

电流用大写字母I表示。电流的单位：安培（简称安），用字母A表示。

安培是为了纪念法国物理学家安德烈·马丽·安培而命名的。

换算单位1A（安）=1000mA（毫安），1mA（毫安）=1000µA（微安）。

儿子：什么是负载呢？

父亲：负载这个概念还是比较抽象的，比如小电机、LED、小灯泡等都是负载，小电机是将电能转换为机械能，而小灯泡是将电能转化为光能，一句话概括负载就是将电能转化为其他形式能量的装置。

三、欧姆定律

电压、电流、电阻，它们之间有什么关联呢？科学家经过大量的实验，总结出了规律，它就是欧姆定律。

原文是这样的：

导体中的电流跟导体两端的电压U成正比，跟导体的电阻R成反比，这就是欧姆定律。

在这里可以将原文中的导体，理解为电阻。

它们的关系可以这样表示：

$$I=U/R$$

计算时电压单位是V，电流单位是A，电阻单位是Ω。

欧姆定律是由德国物理学家乔治·西蒙·欧姆1826年4月提出的。为了纪念欧姆对电磁学的贡献，物理学界将电阻的单位命名为欧姆。

四、串联电路与并联电路

1. 串联电路

串联与并联电路是电子学中最重要的电路，生活中的电扇、电视机、电灯都是并联在电路中，而控制开关是串联在电路中的，见图1-6-3。

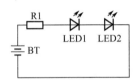

图1-6-3　串联电路（整个电路只有一个回路）

串联电路电压规律：电源总电压等于各个用电器（LED、电阻等）的电压之和。

图1-6-3中R1、LED1、LED2的电压之和一定等于2032电压。

串联电路电流规律：电流处处相等。

即流过LED1与LED2、R1以及电池的电流是一样的。

2. 并联电路

如图1-6-4所示，电流有2个支路，其一是电流从正极出发，流经R1与LED1到电源负极，其二是电流从正极出发，经过R2、LED2到电源的负极。

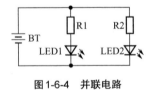

图1-6-4　并联电路

并联电路电压规律：电源总电压等于各个支路的电压（一个LED相当于一个支路）。

并联电路电流规律：各个支路电流之和等于总电流。即流过LED1的电流与LED2的电流之和等于流过电池的电流。

五、究竟需要多大的电阻？

以红色发光二极管为例，电流在3～20mA都可以。LED电流取值10mA、电压2V，计算接在3V电池需要串联多大的电阻。

如图1-6-3是串联电路，串联电路电流相等，取流过LED的电流是10mA，那么流过电阻的电流也是10mA；LED的电压是2V，串联电路总电压减去2V，即为电阻承担的电压。

电阻上承担的电压：3V–2V=1V

电阻计算：1V/0.01A=100Ω

第七节　认识二极管和三极管

容易导电的物质的称为导体，例如金属铝、铜等；不容易导电的物质称为绝缘体，例如玻璃、塑料等；还有一类材料导电能力介于导体与绝缘体之间，称之为半导体，例如硅半导体、锗半导体等。

半导体导电能力很弱，但是掺加一点其他物质，导电能力大幅提高，根据掺加的物质不同，分为P型半导体与N型半导体。通过一定的工艺将N型半导体与P型半导体结合在一起，在结合处就形成一个PN结。

PN结有一个很明显的特性就是单向导电性，PN结正向导通，反向截止。如图1-7-1、图1-7-2所示。

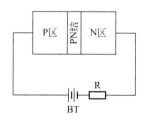

图1-7-1　PN结正向导通

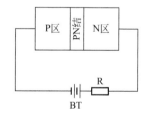

图1-7-2　PN结反向截止

一、二极管

二极管由一个PN结、两条电极引线以及外壳构成。

本书中介绍两种二极管，型号分别是1N4148、1N4007，如图1-7-3、图1-7-4所示，二极管在电路中主要起整流、续流、保护、隔离等作用。

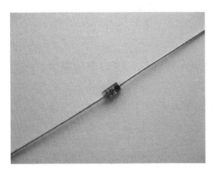

图1-7-3　1N4148

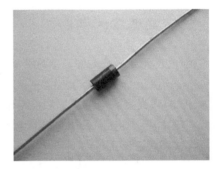

图1-7-4　1N4007

二极管的图形符号，用VD表示，如图1-7-5所示。

图1-7-5　二极管图形符号

父亲：毛毛，咱们先做一个小实验，二极管串联在电路中，观察LED能否点亮。

儿子分别完成以下制作。

二极管一侧有黑圈标记的引脚与LED的正极连接，LED能点亮。见图1-7-6。

二极管反过来接在电路中，LED就不亮了，见图1-7-7。

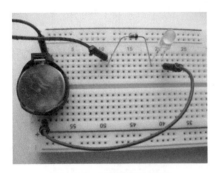

图1-7-6　二极管正向串联

图1-7-7　二极管反向串联

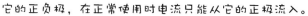

儿子：爸爸，二极管是不是与LED一样，也有正负极？

父亲：是的，二极管的特性也是单向导电性，二极管在使用中需要区分它的正负极，在正常使用时电流只能从它的正极流入。

儿子：二极管的正负极如何区分呢？

父亲：一般情况下，不需要仪表，从外观即可辨认，1N4148的管身一端有黑圈色环的是负极，1N4007的管身一端有白圈色环的是负极。

二、三极管

三极管在电路中主要起信号放大、开关、振荡、控制等作用。三极管用字母VT表示。三极管的外观见图1-7-8。

三极管由两个PN结构成，从结构上可以分为NPN与PNP两种，常见的三极管9013、9014、8050属于NPN三极管，（NPN三极管的图形符号见图1-7-9），9012、8550属于PNP三极管（PNP三极管的图形符号如图1-7-10）。

图1-7-8　三极管（封装形式TO-92）

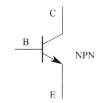

图1-7-9　NPN三极管图形符号

图1-7-10　PNP三极管图形符号

三极管一共有三个引脚，分别是基极（B或b）、发射极（E或e）、集电极（C或c）。

不管是NPN还是PNP三极管，电流符合以下公式：$I_e=I_b+I_c$，即发射极电流等于基极与集电极电流之和。

衡量三极管放大能力是放大倍数β，并且符合公式：$\beta I_b=I_c$。

三极管有三种状态：

① 截止状态：三极管基极的电流很小或者为零，三极管集电极与发射极之间的电阻非常大，相当于开关的关闭状态。

② 放大状态：三极管基极的电流逐渐增大，基极电流控制集电极与发射极之间的电阻变化，放大倍数不变。

③ 饱和状态：基极电流进一步增加，基极电流没有办法控制集电极与发射极之间的电阻，电阻变得很小，相当于开关的闭合状态。

常见三极管引脚识别方法是正对三极管平面，左边是发射极，中间是基极，右边是集电极，如图1-7-11所示（大部分符合以下规律）。

三极管一般的封装形式是TO-92，如图1-7-8所示，还有其他的封装形式，例如还有SOT封装，贴片元件采用，如图1-7-12所示，也比较常见。

图1-7-11 三极管引脚名称以及排列顺序
1—发射极；2—基极；3—集电极

图1-7-12 三极管贴片封装

三、手指控制LED亮起来

1. 电路图

三极管基极与电源正极接100kΩ电阻控制LED，电路图见图1-7-13。

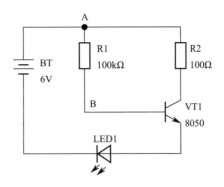

图1-7-13 基极加上100kΩ电阻，三极管驱动LED

2. 元器件清单

三极管8050、电阻100Ω、LED、电阻100kΩ。

3. 面包板电路

如图1-7-14所示，装配图如图1-7-15所示。

 儿子：你经常给我讲，不要自行打开家里的用电器，以免被电击，是不是人体也是导体呢？

 父亲：人体的确是导体，咱们一起做实验尝试"手指开关"

将电阻R1拔掉，一只手指按住电池正极，另一只手指触碰与三极管基极相连的导线（也就是电路图1-7-13中A与B两处），我们看到LED点亮了，如图1-7-16所示。为什么能点亮呢？是因为电流经过两只手指加到三极管的基极，三极管导通，从而LED点亮。

那么手指间的电阻到底是多大呢？指间电阻不是一个固定的数值，与皮肤的干燥程度等有关，皮肤越干燥电阻越大，如图1-7-17所示，测量指间电阻约为124kΩ。

图1-7-14 "基极加电阻控制三极管"
面包板制作演示

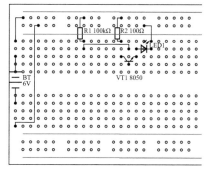

图1-7-15 装配图

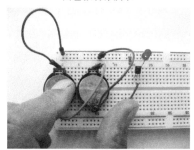

图1-7-16 "手指开关"面包板制作展示

图1-7-17 测量指间电阻

 注意

人体是导体，是可以导电的，当发现高压线掉落，请不要贸然捡起，否则会发生触电伤亡事故。

第八节　认识电容

电容是电容器的简称，它是一种能充放电的重要电子元器件，在电路中不消耗电能，"通交流，隔直流"是电容的特性，在电路中主要起滤波、信号耦合等作用。

常见的电容分为瓷介电容、独石电容、涤纶电容，这些电容在使用中无极性之分（也就是在使用中不需要区分它的引脚顺序，不需要区分正负极），还有一类电容，例如：铝电解电容、钽电解电容，电解电容在使用中有极性之分，需要区分正负极，极性不能搞错。

在制作中会经常用到瓷介电容、独石电容、铝电解电容，我们重点介绍它们。

无极性电容图形符号如图1-8-1所示，用字母C表示。

极性电容图形符号见图1-8-2。多了一个小"+"号，带"+"号的一端是正极，另一端是负极，也用字母C表示。

图1-8-1　无极性电容图形符号

图1-8-2　极性电容图形符号

电容容量的单位是法拉，简称法（F），但是此单位太大，实际中常用的单位是微法（μF）、纳法（nF）、皮法（pF）。

它们之间的换算关系如下：

1F（法）=10^6μF（微法）

1μF（微法）=10^6pF（皮法）

1nF（纳法）=10^3pF（皮法）

一、瓷介电容

瓷介电容外形见图1-8-3。瓷介电容有耐压与容量两个重要参数，在使用中必须在低于耐压的环境下使用，对于高耐压的瓷介电容，耐压值印在元件的表面，普通的瓷介电容耐压值一般在整个包装上有标注，做实验常用的耐压值为50V。

图1-8-3　瓷介电容

图1-8-4 独石电容外观

瓷介电容的容量一般为1～1000pF。小于100pF的电容，一般会标注在外壳上，例如一个瓷介电容上面标注30，那就代表它的容量是30pF。

容量为100pF以上的电容在外壳上标注3个数字，前两位表示有效数字，第3位表示需要添"0"的个数，比如一个瓷介电容的外壳标注102，那就代表它的容量是1000pF。

独石电容也叫片式多层瓷介电容，独石电容外观见图1-8-4。

容量的标注方法与瓷介电容类似。如图1-8-5中这个独石电容的容量就是1000000pF（即1μF）

二、电解电容

几乎在所有电路中都有电解电容的身影，外形见图1-8-5。

电解电容的耐压与容量一般都标注在外壳上，见图1-8-6。

图1-8-5 电解电容外观

图1-8-6 电解电容重要参数（此电解电容的耐压是16V，容量是470μF）

电解电容是极性电容，在使用中正极需要接到高电位，负极接低电位，那么不用仪表如何从外观区分电解电容的正负极呢？新购的电容，未使用以前，引脚长的是正极，短的是负极，如图1-8-7所示。

在外壳上一般也有标明"--"的标志，与之相对应的是电解电容的负极，见图1-8-8。

图1-8-7 电解电容正负极引脚长短判别（引脚长的是电解电容的正极）

图1-8-8 电解电容负极标识

如果电解电容在使用中极性接反，轻则会使电容漏电电流增加，重则会将电容击穿而损坏。

三、微动开关（也称为按键）

鼠标的左右键，就是两个微动开关，按压时导通，不按压时断开。微动开关有四个引脚和两个引脚两种，这里只介绍两个引脚的。

微动开关的图形符号见图1-8-9，用字母S表示，外观见图1-8-10。

图1-8-9　微动开关图形符号

图1-8-10　微动开关（两脚）

四、电容充放电

1. 电路图

电路见图1-8-11。

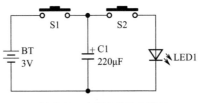

图1-8-11　电容充放电电路图

2. 元器件清单

序号	名称	标号	规格	备注
1	微动开关	S1，S2	两脚	
2	发光二极管	LED1	5mm	
3	电容	C1	220μF	
4	电源		3V	

3. 面包板制作

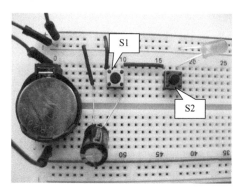

图1-8-12 "电容充放电"面包板制作展示

如图1-8-12所示。

电源经过S1为电容充电，电容充的电荷经过S2点亮LED，构成放电回路。

操作步骤：

首先按下左面的微动开关（S1）大约3s，该时间段为电容充电，然后再按压右边的微动开关（S2），可以看到发光二极管点亮后熄灭。

 儿子：爸爸，是不是电路出问题呢？怎么点亮后又熄灭了？电容是不是与电池一样？

 父亲：电路没有问题，电容是可以储存电荷的，电容的容量越大，储存越多，点亮的LED的时间就越长，但是电容不能等同于电池，电容上的电荷依靠外来电源，而电池中的电荷是它内部化学能经过转化"源源不断"提供，在放电时电容上的电荷会在很短的时间内放完，所以你看到LED点亮后不久又熄灭。

 儿子：有什么办法可以延长点亮时间吗？

 父亲：提高电容的容量可以延长LED点亮时间。如何提高电容的容量呢？前面讲过两个电阻串联电阻增加，而电容相反，并联提高容量。在刚才的电路中，电容旁边再并联一个电容，观察实验效果，见图1-8-13。

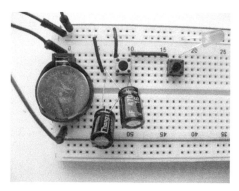

图1-8-13 增加电容容量，观察LED点亮时间

 注意

两个相同的电容串联，总容量是单个电容容量的一半；两个相同的电容并联，总容量是单个电容容量的两倍。

4. 装配图

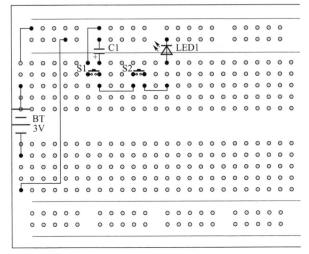

图1-8-14　装配图

第九节　电路的三种状态

一、通路

通路指有正常的电流通过用电器。电路构成有电源，开关，导线，用电器等，也称之为回路。见图1-9-1。

开关的图形符号如图1-9-2所示，用字母S（或K）表示。

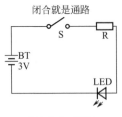

图1-9-1　通路

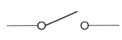

图1-9-2　开关的图形符号

儿子：爸爸，微动开关与这节课讲的开关，有什么区别，能互相替换吗？

父亲：能提出这个问题，证明你认真听讲了。前面讲的微动开关，它如果接在电路中，只有一直按住微动开关，电路中才会有持续的电流，一旦放开，电流则断开，属于无锁开关；而这节讲的开关属于自锁开关，同样可以闭合与断开电路，但是每一种状态不需要你持续操作开关。好了，一起进行下面的小实验。

自锁开关控制LED的点亮与熄灭

图1-9-3是我们常见的开关，今天用2032电池的电压模拟220V，LED代替灯泡，玩一玩各种开关。

(a) 墙壁开关　　　　　　　　(b) 拉线开关

图1-9-3　常见开关

把墙壁开关接在电路中，控制LED熄灭与点亮，如图1-9-4～图1-9-6所示。

 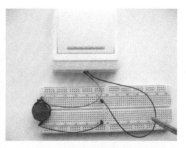

图1-9-4　墙壁开关接线（墙壁开关种类　　　图1-9-5　墙壁开关控制LED熄灭
　　　繁多，内部结构可能与此不同）

把拉线开关接在电路中，控制LED熄灭与点亮，如图1-9-7～图1-9-9所示。

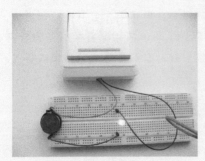

图1-9-6　墙壁开关控制LED点亮

图1-9-7　拉线开关内部结构图

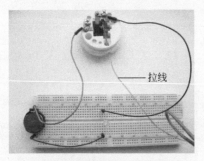

图1-9-8　拉线开关控制LED熄灭（开关上绿色的尼龙绳就是你要拽的拉线）

图1-9-9　拉线开关控制LED点亮

以上两种开关都用来控制220V电压，但它们在面包板上搭建电路就不太合适，我们需要搜索一款适合在面包板上插接的小开关，如图1-9-10，它的名字叫拨码开关。

拨码开关一共有8位，每一位都是一个小开关，小开关拨到ON位置，相应的小开关闭合，否则断开。

拨码开关的图形符号见图1-9-11，用S表示。

图1-9-10　拨码开关外观

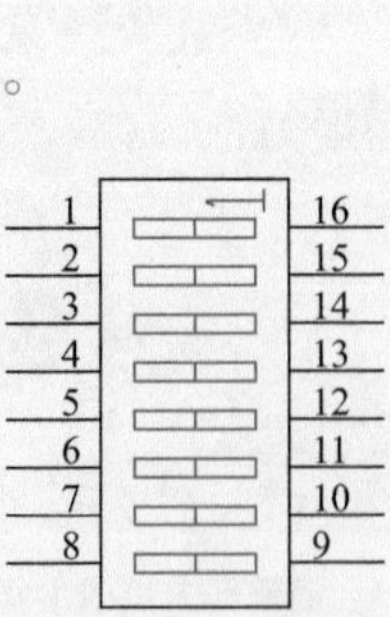

图1-9-11　拨码开关的图形符号

拨码开关接在电路中，控制LED熄灭与点亮，如图1-9-12、图1-9-13所示。

图1-9-12　拨码开关控制LED熄灭　　图1-9-13　拨码开关控制LED点亮
（小开关拨到ON的位置）

二、断路（开路）

断路指电路某一处断开，没有电流流过用电器，如图1-9-14所示。在日常生活中我们如何实现呢，比如家里的电灯，我们就要安装开关来控制。

三、短路

短路指用导线将用电器或者电源两端连接起来，电流直接从导线经过，不经过用电器。如图1-9-15所示，短路一属于电源短路、短路二属于用电器短路（在这里是LED）。

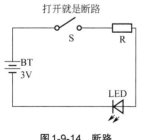 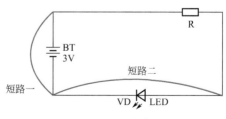

图1-9-14　断路　　　　　　　图1-9-15　短路

第十节　请你不要这样做——安全用电常识

一天我正在工作，儿子在一旁鼓捣着电池。突然儿子叫嚷着："面包线变热了！"我回头，只见他用一条面包线的两端分别插在9V电池的正负极，如图1-10-1。

图1-10-1　9V电池短路

父亲：毛毛，你刚才的做法十分危险，以后绝对不允许像今天这样，用导线直接连接电源的正负极。因为这样做就会将电源短路，由于面包线的电阻非常小，根据欧姆定律，此时电流是比较大的，时间长了，电池也会发热，可能引起爆炸或者火灾等事故。

儿子：爸爸，我知道了，是所有的电池或者电源都不可以这样吗？

父亲：对，所有的电源都不可以这样，你刚才用的是9V电池，如果是家里插座中的电源，这样做的后果是十分严重的。

有一次，客厅的电源插座坏了，在更换插座时，由于疏忽，未将220V电源总开关断开，当我用斜口钳试图剪掉电源引线时，只见火光一闪，斜口钳刀口一小部分金属已经融化，十分惊险！

！注意

不管是做实验用的低电压电池，还是家里220V电源，请不要将电源的两端短路，这样做十分危险！

儿子：昨天，我和几个小朋友在玩的时候，看见空中的电线上有许多小鸟，这些小鸟不怕触电吗？

父亲：这些小鸟也怕触电，人体是导体，它们也是导体，但是为什么没有触电呢？因为这些小鸟没有同时接触电源的两条导线，没有电流经过这些小鸟的身体而已！

如图1-10-2，小鸟停留在电线上休息。

千万不能用两只手同时接触两根导线，我们实验用的2032电池只有3V电压，电流非常小。在220V电压的环境下，您若是将一只手放在一根导线上，而将另外一只手放在另一导线上，这样做会发生触电事故，如图1-10-3。

图1-10-2

火线
零线

图1-10-3　触电

第十一节　高灵敏度手指开关

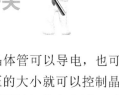

三极管又称为晶体管，晶体管是半导体，也就是说晶体管可以导电，也可以不导电，能否导电取决于基极电压的大小，改变基极电压的大小就可以控制晶体管集电极（C）与发射极（E）之间的电阻。那么这个电压至少是多少呢？对于NPN三极管，基极电压至少比发射极电压高0.6V；对于PNP三极管，基极电压至少比发射极电压低0.6V。

二极管具有单向导电性，二极管（主要指硅管）导通后，它的正极与负极之间的电压差是0.6V左右，也就是正向压降是0.6V。如何巧妙地利用二极管的压降设计电路呢？例如，如果有一个+5V的直流电源，而用电器（比如是LED）的电压需要的是3V，没有电阻的情况下，如何解决这个问题呢？这时就可以利用二级管了。一个二极管的正向压降是0.6V，电路中串联三个二极管，总压降就是1.8V左右，基本可以符合LED供电要求，巧妙利用二极管正向压降降低电源电压。

前面讲过手指开关，即一个手指与电源的正极相连，另一个手指与三极管的基极相连，LED就能点亮，当手指干燥时，这个实验效果可能不是很灵敏，你可能需要洗洗手，再重复以上的步骤，效果就要比之前的实验好很多了。

儿子：为什么洗手后，再次操作，LED亮度增大了？

父亲：因为在洗手后，手指间的电阻变小，从而加到三极管基极的电流增加，三极管的导通能力增强，LED的亮度自然就高了。稍后，咱们制作一款在手指干燥情况下也能实现高灵敏度的手指开关。

一、高灵敏度手指开关

1. 电路

如图1-11-1所示。

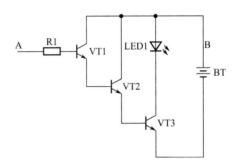

图1-11-1　高灵敏度手指开关（即使手指干燥，也很灵敏）

2. 元器件清单

序号	名称	标号	规格
1	电阻	R1	10kΩ
2	三极管	VT1 ~ VT3	8050
3	发光二极管	LED1	
4	电池	BT	3V

3. 一起来分析

图1-11-1中三极管的这种接法，称之为复合放大，总放大倍数是每个三极管放大倍数的乘积。

当用一只手指捏住电路图中的A点，另一个手指捏住B点，由于电阻R1的阻值比较大，电流非常小，但是经过三极管复合放大后，足以让LED正常发光。

儿子：爸爸，为什么要串联电阻R1呢？不加可以吗？

父亲：最好加上，增加电阻R1的目的，主要是为了保护三极管VT1。当A、B两点由于某种原因直接连接到一起，该电流可能导致VT1烧坏。

4. 面包板制作

如图1-11-2所示。由于人体是导体，可以尝试几个小伙伴手拉手点亮LED，如图1-11-3所示。

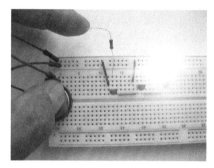

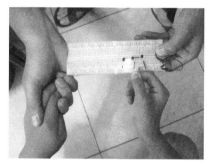

图1-11-2 "高灵敏度手指开关"面包板制作展示   图1-11-3 手拉手点亮LED

5. 装配图

见图1-11-4。

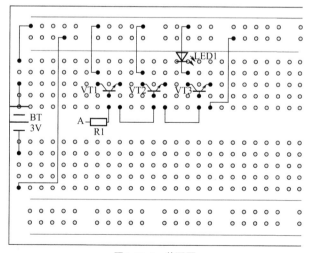

图1-11-4 装配图

二、地符号

在绘制电路图时，为了简化电路，一般需要用到地符号，这里说的地，可不是让你直接与大地相连，而是表示与电源的负极连接，在电路图中只要出现地的符号，统统与电源负极连接。

"地"的图形符号，如图1-11-5所示。

相对应还有电源正极的图形符号，如图1-11-6。

VCC可以换为+5V，即表示该设计的电路使用5V电源。

采用地符号绘制高灵敏度手指开关，如图1-11-7。

图1-11-5 "地"的 图1-11-6 电源正极
图形符号 的图形符号

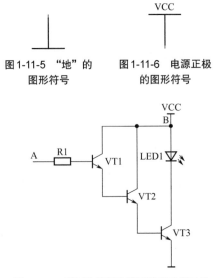

图1-11-7 采用地符号的高灵敏度手指开关

第十二节 延时LED

一、手动延时LED

所谓的手动延时LED，就是按一下微动开关，手放开后LED点亮一段时间自动熄灭。

1. 电路

如图1-12-1所示。

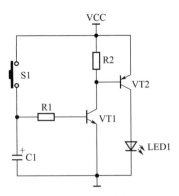

图1-12-1 手动延时LED电路图

2. 元器件清单

序号	名称	标号	规格	备注
1	电阻	R1	1MΩ	
2	电阻	R2	10kΩ	
3	三极管	VT1	8050	
4	三极管	VT2	8550	
5	电容	C1	220μF	可用其他代替
6	微动开关	S1	两脚	
7	电源		3V	2032电池
8	发光二极管	LED1	5mm	

3. 一起来分析

微动开关S没有按下时，三极管VT1、VT2都截止，LED1熄灭；当按一下微动开关S，电流分为两个支路，其一，通过电阻R1给三极管VT1基极供电，VT1导通，集电极接近0V，由于VT2是PNP三极管，VT2的发射极接电源的正极，符合它的导通条件，电源正极经过三极管VT2的发射极、集电极、LED1回到电源的负极，LED1点亮。其二，电源正极通过电容C1回到负极，电容充电。当微动开关S释放时，刚才电容C1上充的电荷经过电阻R1继续为三极管VT1的基极提供电压，两个三极管依旧导通，随着时间的延长，电容上的电荷也逐渐为0，三极管VT1由导通变为截止，随后VT2截止，LED1熄灭。

4. 面包上制作步骤

三极管8050与8550是一对双胞胎，在三极管上面有清楚的标识，在制作时一定要认清。

首先安装微动开关，如图1-12-2所示。

图1-12-2　微动开关的安装方法

安装第一个VT1三极管周边元件，如图1-12-3所示。

安装VT2三极管周边元件，如图1-12-4所示。

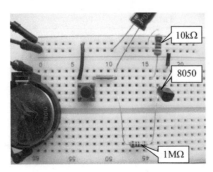

图1-12-3　延时LED电子制作
第一个三极管周边元件

图1-12-4　延时LED电子制作
第二个三极管周边元件

 儿子：LED点亮延时时间长短能改变吗？

 父亲：通过改变电阻的阻值以及电容的容量，可以改变LED点亮的时间，实验中采用的电容是220μF，电阻R1用的是1MΩ，你可以将电容换为1μF、10μF、47μF、100μF，电阻R1换为470kΩ、200kΩ、100kΩ，观察并记录LED延时效果有何不同。

5. 装配图

见图1-12-5。

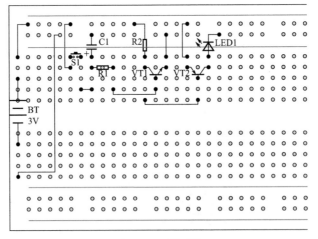

图1-12-5　装配图

二、光控/手动延时LED

1. 电路

如图1-12-6所示。

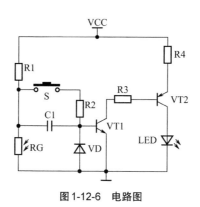

图1-12-6　电路图

2. 元器件清单

序号	名称	标号	规格	备注
1	电阻	R1	47kΩ	
2	电阻	R2	100Ω	
3	电阻	R3	1kΩ	
4	电阻	R4	100Ω	
5	三极管	VT1	8050	
6	三极管	VT2	8550	
7	电容	C1	105[①]	独石电容
8	微动开关	S1	两脚	
9	发光二极管	LED	5mm	
10	二极管	VD	1N4148	
11	电源		3V	2032

① 105表示电容是1000000pF，详见本章第九节。为了与电容上标注一致，本书元器件清单中均采用此法表示。

3. 一起来分析

将这个制作放在床头，当房间大灯关闭后，LED能点亮一段时间，延时时间与电阻R1的阻值以及电容C1的容量有关。

光线亮时，光敏电阻RG电阻值很小，三极管VT1、VT2截止，LED熄灭状态，当关灯后，光敏电阻RG电阻值变大，电源经过R1、三极管VT1的发射结给电容C1充电，三极管VT1导通，VT2导通，LED点亮，随着充电时间的延长，电容C1的充电电流为0，三极管VT1截止，VT2截止，LED熄灭。光线由亮到暗突变，LED达到延时效果。

当光线由暗变亮，光敏电阻阻值变小，电容C1经过二极管VD，RG放电，为下一次光线由亮到暗突变，LED延时做准备。

光线暗时，可以按一下微动开关S，电容C1两端的电压经过电阻R2，微动开关S放电，电容C1重新充电，又一次达到LED延时点亮的效果。

4. 面包板制作展示

如图1-12-7、图1-12-8所示。

图1-12-7　光线亮时熄灭

图1-12-8　光线暗后点亮一段时间

5. 装配图

见图1-12-9。

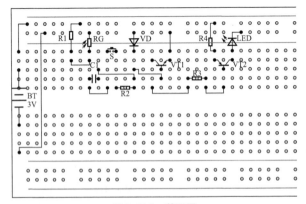

图1-12-9　装配图

注意

电容是危险元件

　　当一个容量比较大并且充的是高电压的电容，在没有放电前，请不要触碰它的两个引脚，否则将发生被电击的危险。如图1-12-10是电视机主滤波电容器，在正常工作时，电容上电压是300V左右的直流电压，朋友给我讲他在一次维修时，从电路板上拆下这个电容，由于疏忽没有放电，将电容放在焊锡丝上，瞬间"砰"的一声，与电容引脚触碰的焊锡丝已经融化。

图1-12-10　大电容

第十三节　遥控检测仪

　　电视机、机顶盒、空调、DVD等都可以用遥控器操作，当按压遥控器上面的按键时，就能发出红外信号（用眼睛是看不到的），而用电器上的红外接收头就是用来负责接收遥控器发出的信号，图1-13-1是一款机顶盒电路板，瞧一瞧遥控接收头的真面目。

　　遥控接收头图形符号，如图1-13-2，用IR表示。

　　遥控接收头生产厂家不同，外观也不同，引脚功能排列也不同。我们做实验用的接收头外观如图1-13-3所示，一共有三个引脚，分别是电源VCC（典型工作电压是5V）负极引脚、信号输出。

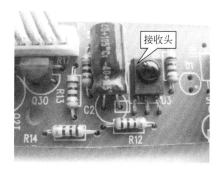

图1-13-1　机顶盒电路板

图1-13-2　遥控接收头图形符号

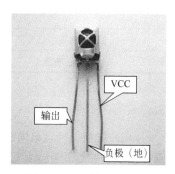

图1-13-3　一款红外接收头

一、遥控接收头初体验

在面包板搭建一个很简单的电路，观察红外接收头输出的信号是怎样变化的。

 儿子：两个电池串联电压是6V，而红外接收头需要的电压是5V，如何连接呢？

 父亲：这就需要用到前面讲的知识，二极管的压降是0.7V，6V电源串联一个二极管再给红外接收头供电，接近5V，就比较安全。

1. 电路

如图1-13-4所示。

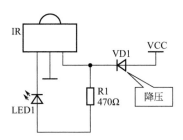

图1-13-4 最简单遥控检测仪

2. 元器件清单

序号	名称	标号	规格	备注
1	电阻	R1	470	
2	发光二极管	LED1	5mm	
3	二极管	VD1	1N4007	或1N4148
4	遥控接收头	IR		
5	电源		6V	2032

3. 一起来分析

LED1的阳极经过电阻R1直接接电源正极，负极接遥控接收头的信号输出端，遥控接收头输出是一串负极性信号，当用电视机遥控器（也可以用其他遥控器），随便按住一个按键，LED1就会不断闪烁，尽管不怎么明亮，通过这个实验我们明白了遥控接收头输出的信号不是固定的，而是跳变的。

二极管VD1在这里主要是降压作用，将6V的电压降低到5.3V。

4. 面包板制作步骤

在面包板上制作最简单遥控检测仪，如图1-13-5、图1-13-6所示。

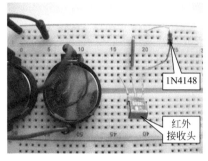

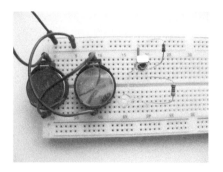

图1-13-5　安装红外接收头以及降压二极管　　　图1-13-6　增加限流电阻以及LED

 儿子：爸爸，能不能设计一款同时具有声光提示的遥控检测仪，那样提示效果是不是更好呢？

 父亲：可以的，这就需要学习一个新的元件，它的名字叫扬声器，又名喇叭。

二、扬声器

扬声器能将电信号转换为声音信号。一款扬声器如图1-13-7所示。

(a) 正面　　　　　　　　　　　　(b) 反面

图1-13-7　扬声器

扬声器一共有两个引脚，常见结构是动圈式，在使用中一般不需要区分极性，但是在一些高档音响中，需要区分极性。在实验中常用的扬声器功率是0.5W。

扬声器图形符号见图1-13-8，用字母BL（或BP）表示。

图1-13-8　扬声器图形符号

三、声光提示遥控检测仪

红外接收头输出信号不能直接驱动扬声器，需要三极管放大。

1. 电路

如图1-13-9所示。

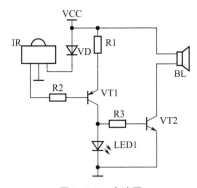

图1-13-9　电路图

2. 元器件清单

序号	名称	标号	规格	备注
1	电阻	R1	470Ω	
2	电阻	R2～R3	10kΩ	
3	三极管	VT1	8550	
4	三极管	VT2	8050	
5	发光二极管	LED1	5mm	
6	二极管	VD	1N4148	或1N4007
7	遥控接收头	IR		
8	扬声器	BL	0.5W	
9	电源		6V	2032

3. 一起来分析

一体化接收头收到遥控信号，遥控接收头输出的是负极性信号，三极管VT1采用8550，VT1导通后，信号分为两个支路，其一，LED1闪烁，其二，该信号经过三极管VT2（8050）放大驱动扬声器BL发声。

二极管VD在这里主要起降压作用。

4. 面包板上制作

如图1-13-10所示。接收到遥控器信号后，LED闪烁的同时扬声器发出"哒哒"的声音。

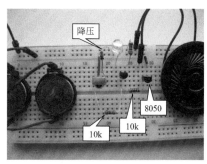

图1-13-10 "声光提示遥控检测仪"面包板制作展示

5. 装配图

如图1-13-11所示。

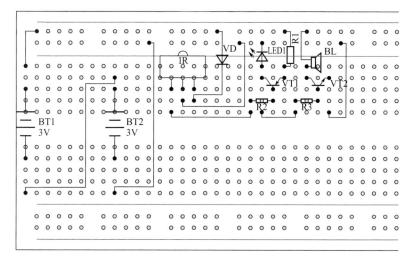

图1-13-11 装配图

第十四节　自制电量显示仪

电动车上都有一个电量指示灯，时刻提示你电池电量使用情况，今天我们就来做一个电量模拟显示灯。利用二极管、三极管、电阻等模拟电池电量指示，利用二极管的压降来设计电路。

1. 电路

如图1-14-1所示。

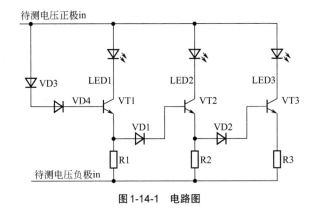

图1-14-1　电路图

2. 元器件清单

序号	名称	标号	规格	备注
1	电阻	R1～R3	1kΩ	
2	三极管	VT1～VT3	8050	
3	发光二极管	LED1～LED3	5mm	
4	二极管	VD1～VD4	1N4148	
5	电源		6V	

3. 一起来分析

图1-14-1是如何工作的呢？被测电源的正极经VD3、VD4、三极管VT1的发射结（基极与发射极之间）、电阻R1到电源负极，三极管VT1导通，LED1点亮，理论上LED1亮指示电压是2.1V（VD3、VD4、VT1发射结电压之和）；如果被测电

压更高，电阻R1上的电压导致二极管VD1、三极管VT2导通，LED2点亮，理论上LED2亮指示电压是3.5V（VD3、VD4、VT1发射结电压、VD1、VT2发射结电压之和）；如果被测电压再高，电阻R2上的电压导致二极管VD2、三极管VT3导通，LED3点亮，理论上LED3亮指示电压是4.9V（VD3、VD4、VT1发射结电压、VD1、VT2发射结电压之和、VD2、VT3发射结电压之和）。

4. 在面包板上制作

如图1-14-2所示。

图1-14-2　LED模拟显示电量

5. 装配图

见图1-14-3。

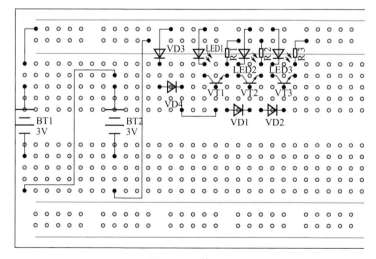

图1-14-3　装配图

儿子：按照分析，上面设计的电路理论上只能显示最高4.9V电压，是不是可以增加同样的电路显示更高的电压？

父亲：的确如此，可以增加类似的电路来显示更高的电压，可以在图1-14-1中，将电源的正极串联一个电位器调整电压，观察LED递增点亮。

在面包上制作如图1-14-4所示。

图 1-14-4　增加电位器控制 LED 亮度递增

电位器串联在电源的正极，调整电位器手柄可以改变输入电压的大小，从而非常直观地看到LED1、LED2、LED3、随着输入电压的增加，依次点亮。

第十五节　数码管亮起来

图 1-15-1　电路板上的数码管

数码管是一种最常见的显示元件，图1-15-1是一款DVD电路板，数码管用来显示信息。数码管内部发光元件就是由LED组成的，常见的数码管里面包含8组LED，7组显示段码，一组显示小数点。

一、数码管基础知识

1.　数码管分类

数码管按照显示颜色可以分为红色、绿色、蓝色等，最常见的是红色数码管。

数码管按照位数可以分为一位、两位、三位、四位等，见图1-15-2。

数码管按照内部连接方式可以分为共阳与共阴数码管。数码管按照规格大小分为0.56in、0.8in、1.2in等。

儿子：0.56in（英寸）的数码管是多少厘米呢？如何测量呢？

父亲：首先明白英寸与厘米的换算关系，1英寸（in）=2.54厘米（cm），0.56英寸等于1.42厘米，我们说数码管是0.56英寸，不是指它的外观身高，而是字高，见图1-15-3。

用直尺测量数码管的大小如图1-15-4所示。

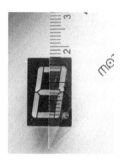

图1-15-2　各种数码管　　图1-15-3　数码管尺　　图1-15-4　测量数码管
　　　　　　　　　　　　寸测量的是字高　　　　的高度是1.4厘米

2. 数码管内部示意图

以一位数码管介绍为主，段码分别用a、b、c、d、e、f、g、h（dp）表示，见图1-15-5。

一位数码管共有上下两排引脚，排列顺序是从下排第一个引脚逆时针开始数起，见图1-15-6。一位共阳与共阴数码管内部电路如图1-15-7、图1-15-8所示。一位数码管的图形符号如图1-15-9、图1-15-10所示，用DS表示。

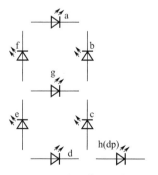

图1-15-5　数码管段码表示　　图1-15-6　引脚排列顺序

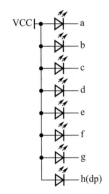

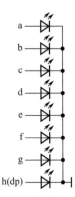

图1-15-7　一位共阳数码管内部电路　　图1-15-8　一位共阴数码管内部电路

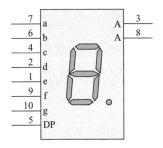

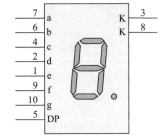

图1-15-9　一位共阳数码管图形符号　　图1-15-10　一位共阴数码管图形符号

一位数码管引脚与对应的段码关系见表1-15-1所示。

表1-15-1　一位数码管引脚与对应的段码关系

引脚	功能（段码）	引脚	功能（段码）
1	e	6	b
2	d	7	a
3	公共极	8	公共极
4	c	9	f
5	h（dp）	10	g

 儿子：图1-15-6数码管一共有十个引脚，而图1-15-7、图1-15-8怎么只有九个引脚？

 父亲：观察非常细致，图1-15-6中8个引脚都是段码，而公共极是两个引脚，从图形符号也可以看出，公共极是3与8引脚。

 儿子：图1-15-6中，数字引脚与段码如何对应呢？

 父亲：必须清楚各个段码在实物引脚的位置，重点看一下图形符号。比如第1个引脚对应的是e段码、第10个引脚对应的是g段码，其余的自己认真一一对应。

二、数码管亮起来

实验采用一位0.56红色共阴极数码管，参照图1-15-5，如果需要数码管显示数字"1"，公共极接地（电源的负极），段码b、段码c分别接高电平。聪明的您，可以想想怎么显示"0"呢？

设计电路显示0 ～ 9。

1. 电路

如图1-15-11所示。

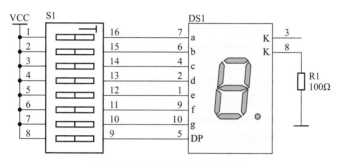

图1-15-11　数码管亮起来电路图

2. 元器件清单

序号	名称	标号	规格	备注
1	电阻	R1	100Ω	
2	拨码开关	S1	8P	
3	数码管	DS1	0.56	一位共阴数码管
4	电源		3V	2032

3. 一起来分析

用拨码开关控制段码接入高电平，电阻R1限流，根据图1-15-5，显示0 ～ 9各个数字。

4. 在面包板上制作步骤

见图1-15-12 ～图1-15-18所示。

图1-15-12　安装拨码开关与数码管

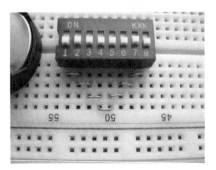

图1-15-13　拨码开关下面引脚全部短路

图1-15-14　拨码开关电源正极相连

图1-15-15　显示数字"1"

图1-15-16　显示数字"2"

图1-15-17　显示数字"3"

图1-15-18　显示数字"4"

依次类推，自己动手显示其他的数字。

5. 装配图

见图1-15-19。

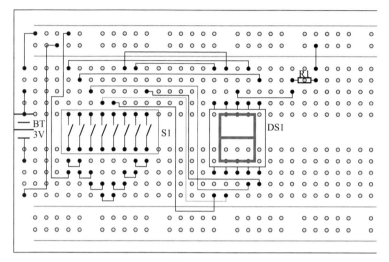

图1-15-19

在真正的电子电路中，是不需要通过拨码开关控制数码管显示数字，而是通过译码器或者单片机驱动LED。

第十六节　温控声光报警器

将这节课中完成的制作放在需要检测的位置，如果温度过高，温控报警器就自动声光报警，提醒大家可能有火灾发生。

一、热敏电阻

热敏电阻的电阻值随外界的温度升降而发生变化，当温度升高，阻值增大，温度降低，阻值减小，称之为正温度系数热敏电阻（PTC），主要用在电冰箱压缩机保护，电机过热保护；温度升高，阻值减小，温度降低，阻值增加，称之为负温度系数热敏电阻（NTC），主要用于温度控制、温度补偿等。

热敏电阻外观如图1-16-1（这是其中的一种，还有其他的外形），图示是

100kΩ负温度热敏电阻，它的外观与前面讲的二极管1N4148非常相似（热敏电阻外观没有黑圈），在使用中一定要区分。今后做实验就用这种热敏电阻。

热敏电阻的图形符号如图1-16-2所示，用RT表示。

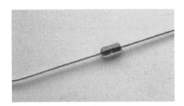

图1-16-1　热敏电阻外观

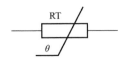

图1-16-2　热敏电阻图形符号

 儿子：爸爸，热敏电阻的阻值随温度的变化而变化，那它的阻值是不是想变多大都可以？

 父亲：不是的，不同型号的热敏电阻的阻值变化范围不一样，它就像一个能自动调整的电位器，我们做实验用的是100kΩ的热敏电阻，它的阻值最大也只能到100kΩ。

二、蜂鸣器

蜂鸣器分为有源蜂鸣器与无源蜂鸣器。有源与无源并不是指电源，而是指蜂鸣器内部有无振荡源，有振荡源的是有源蜂鸣器，只要加上额定的直流电源就可以蜂鸣，有源蜂鸣器控制简单，但是频率不可变，一般用于报警发声，按键提示音；无源蜂鸣器发声频率可以变化，声音清脆，适合用于伴音，类似扬声器。

图1-16-3　蜂鸣器的图形符号

蜂鸣器的图形符号见图1-16-3，用HA表示。

有两个引脚，在使用中需要区分正负极，见图1-16-4，是有源蜂鸣器，长的引脚是正极。只要给它提供直流电源，就能发出声音。而无源蜂鸣器，见图1-16-5，可不能直接接直流电，而是需要提供方波信号去驱动它，它才能工作。

图1-16-4　有源蜂鸣器

图1-16-5　无源蜂鸣器

三、温控声光报警

1. 电路

如图1-16-6所示。

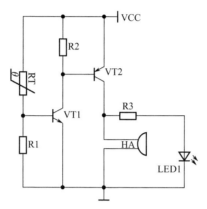

图1-16-6　温控声光报警电路

2. 元器件清单

序号	名称	标号	规格	备注
1	电阻	R1，R2	4.7kΩ	
2	电阻	R3	470	
3	三极管	VT1	8050	
4	三极管	VT2	8550	
5	发光二极管	LED1	5mm	
6	热敏电阻	RT	100kΩ	
7	蜂鸣器	HA	有源	5V
8	电源		6V	2032

3. 一起来分析

正常温度情况下，热敏电阻RT阻值达到几十kΩ，三极管VT1基极电压很低，VT1截止，VT2截止，有源蜂鸣器HA以及LED1都不工作；当温度升高后，热敏电阻RT的电阻值降低，与R1分压后加到VT1的基极电压大于0.6V，VT1导通、VT2也导通，蜂鸣器HA发声，LED1点亮。

如果将R1换为电位器，可以控制报警的临界点，有兴趣的读者自己试一下。

4. 面包板制作步骤

在面包板上制作如图1-16-7～图1-16-11所示。

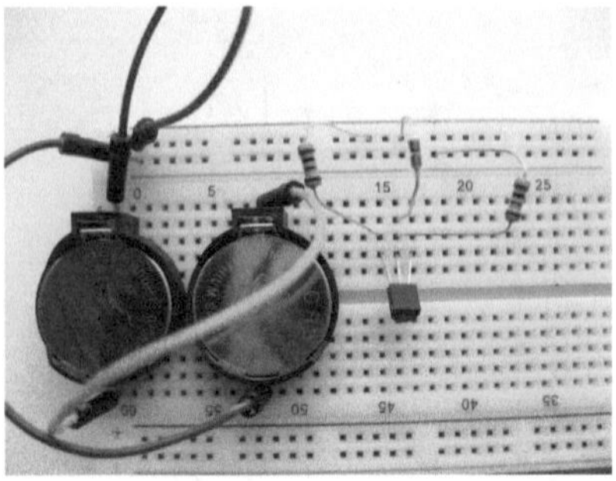

图1-16-7　VT1周边元件安装

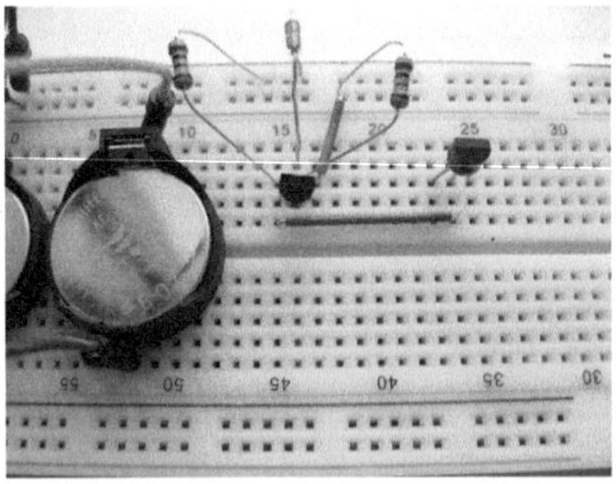

图1-16-8　VT2基极引入信号

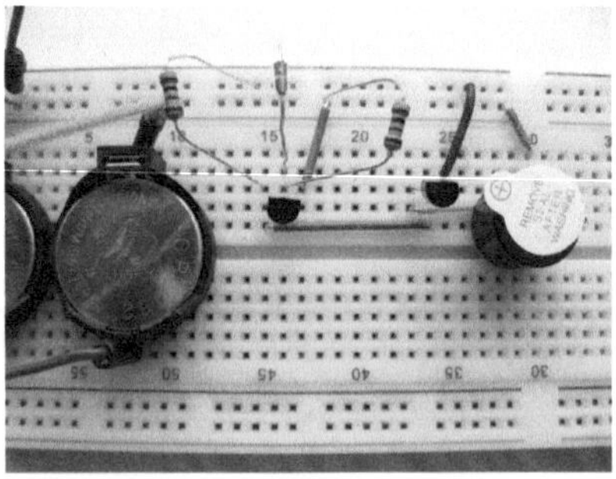

图1-16-9　安装蜂鸣器电路

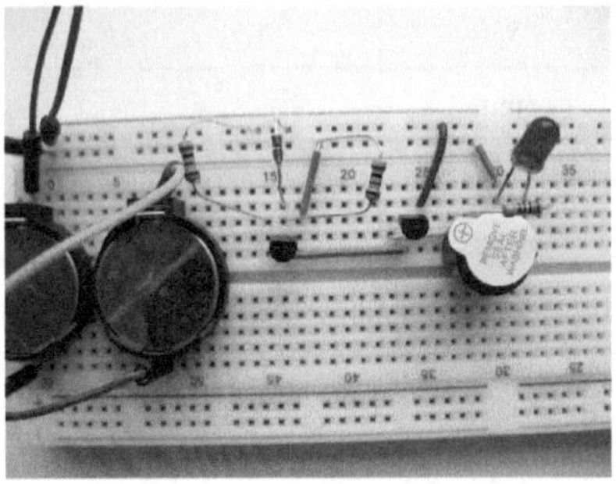

图1-16-10　安装LED电路

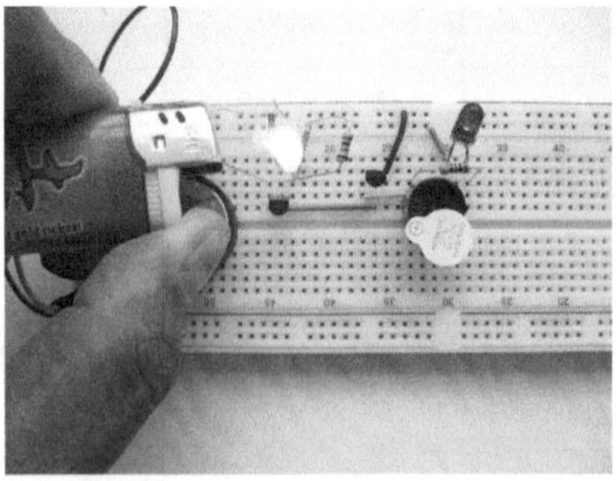

图1-16-11　模拟温度升高报警

5. 装配图

见图1-16-12。

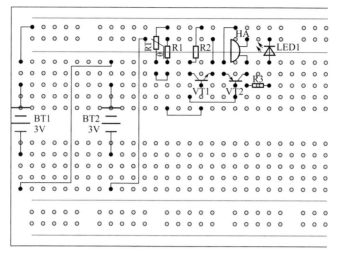

图1-16-12　装配图

儿子：我刚才自己在面包板上制作的时候，电阻R3忘记接入电路，LED1直接并联在蜂鸣器两边，好在LED没有烧坏，但是蜂鸣器的声音比较小，这是为什么呀？

父亲：实验中用的是5V蜂鸣器，没有接电阻R3，相当于LED与蜂鸣器并联，而LED的工作电压是2V左右，相当于将蜂鸣器的电压也限制在2V，蜂鸣器无法正常工作。所以，在制作的时候一定要认真，才能达到想要的效果。

第十七节　模拟消防应急照明灯

　　在许多公共场所，比如商场、超市等墙上都会看到一种应急照明灯如图1-17-1所示，平时它不发光，当外接电源220V停电时，它会立刻点亮，尤其是发生火灾时，正常照明切断后，消防应急照明灯迅速点亮，帮助人员逃生。

　　模拟制作应急灯电路，需要两路电源，一路输入电源（模拟市电220V输入），另一路备用电源（模拟充电电池），在停电时，备用电源

图1-17-1　消防应急灯

启用，点亮应急灯。用一个2032电池模拟（220V）电源输入，另一个2032电池作为备用电源。

1. 电路

如图1-17-2所示。

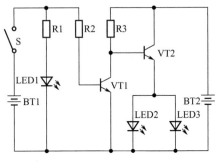

图1-17-2　模拟消防应急照明灯电路图

2. 元器件清单

序号	名称	标号	规格	备注
1	电阻	R1	100Ω	
2	电阻	R2，R3	100kΩ	
3	三极管	VT1	8050	
4	三极管	VT2	8050	
5	发光二极管	LED1～LED3	5mm	
6	电源	BT1	3V	2032
7	电源	BT2	3V	2032
8	拨码开关	S		

3. 一起来分析

两组电源都是3V，LED1采用红色，LED2、LED3采用白色。BT1模拟220V电源，LED1是电源指示灯，LED2、LED3是应急照明灯。当BT1供电正常（模拟220V电压），LED1发光提示，三极管VT1导通，VT1集电极电压变得很低，VT2基极电压过低，VT2截止。当开关S断开（模拟220V断电），LED1熄灭，VT1截止。VT2导通，发光二极管LED2、LED3点亮，提供照明（当然您可以多接几个），照亮周围环境。

儿子：模拟消防应急照明灯，能不能增加电路，让它在白天，即使开关S断开，LED2、LED3也不会点亮，节约能源？

父亲：真正的消防应急照明灯，只要没有220V电源，应急照明灯就会工作，不分白天与晚上。今天模拟制作，可以按你的要求设计一个电路。在VT2的基极与电源的负极之间接一个光敏电阻，就可以解决这个问题。主要原理是，在光线亮时，即使开关S断开，由于光敏电阻在光线亮时，电阻很小，VT2基极电压低而截止。实现了在光线亮时，LED2、LED3也不能发光。

4. 面包板制作步骤

如图1-17-3～图1-17-8所示。

图1-17-3　模拟220V电源指示电路

（利用拨码开关通断电源）

图1-17-4　三极管VT1周边电路

（基极电阻R2，100kΩ，发射极接负极）

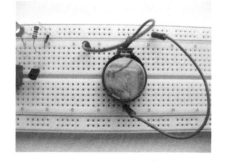

图1-17-5　备用电源

图1-17-6　电路完成整体布局图

（电源指示灯亮，模拟220V电源正常）

注意备用电源正极并没有插在红线上，而是插在面包板B区域，为什么呢？

图1-17-7 模拟220V电源断开，照明灯点亮
（拨码开关断开，两个白色的LED瞬间点亮）

图1-17-8 增加光敏电阻（即使拨码开关断开，白色的LED也不会点亮，光敏电阻加在三极管VT2基极与负极之间。）

5. 装配图（没有增加光敏电阻）

见图1-17-9。

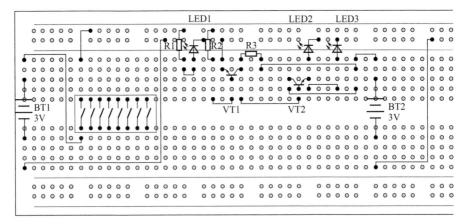

图1-17-9 装配图

第十八节 声控LED

还记得手指开关吧！将手指换为微动开关，按下与放开是不是能点亮与熄灭LED？见图1-18-1。能不能设计电路来模拟微动开关的闭合与断开，并且断开与闭合的时间是随意的呢？答案是肯定的，这就是我们今天的主题。微动开关控制LED面包板制作见图1-18-2。

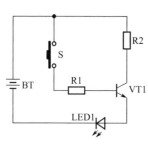

图1-18-1 微动开关控制LED

图1-18-2 微动开关控制LED面包板展示

声音信号如何变为电子电路能接收的电信号呢？常见的就是用驻极体话筒来解决，手机、电话机、高灵敏度话筒、笔记本电脑等等都有它的身影。

一、驻极体话筒

驻极体话筒外观见图1-18-3。驻极体话筒输出电信号比较微弱，需要经过放大电路进一步处理，它一般有两个引脚，在使用中需要区分引脚的接法。仔细观察它的外观，其中一个引脚有几条铜箔线与外壳相连，这个引脚是负极，另一个引脚是正极，需要接高电位，并且从该引脚输出转换后的电信号，见图1-18-3，左面的引脚需要接电源的负极。

图1-18-4中，与负极相对应的另一个引脚需要通过电阻R接到电源的正极，电阻R的取值一般是4.7～10kΩ，同时该引脚通过电容将电信号输送到后面的电路进行信号处理。驻极体话筒图形符号如图1-18-5所示，用MIC表示。

图1-18-3 驻极体话筒

图1-18-4 驻极体话筒头的负极

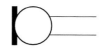

图1-18-5 驻极体话筒图形符号

二、声控LED

1. 电路

如图1-18-6所示。

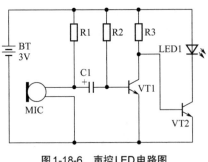

图1-18-6　声控LED电路图

2. 元器件清单

序号	名称	标号	规格	备注
1	电阻	R1	4.7kΩ	
2	电阻	R2	1MΩ	
3	电阻	R3	10kΩ	
4	三极管	VT1	8050	或9014
5	三极管	VT2	8050	或9014
6	发光二极管	LED1	5mm	
7	电容	C1	1μF	
8	驻极体话筒	MIC		
9	电源		3V	

3. 一起来分析

　　无声音信号时，由于电阻R2、R3的阻值刚好能使VT1临界导通状态，三极管VT1的集电极为低电平，VT2截止，LED熄灭。当有声音信号的时候，见图1-18-7，

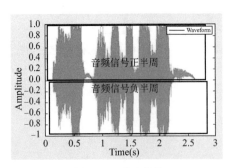

图1-18-7　声音信号

MIC接收后将其转换成电信号，通过C1耦合到VT1的基极，音频信号的正半周加到VT1基极时，VT1由放大状态进入饱和状态，VT2截止，电路无反应。而音频信号的负半周加VT1基极时，迫使其由放大状态变为截止状态，VT1集电极上升为高电位，VT2基极也为高电平，从而VT2导通，发光二极管LED点亮。LED随着声音的高低而闪烁变化。

4. 面包板制作步骤

在面包上制作如图1-18-8、图1-18-9所示。

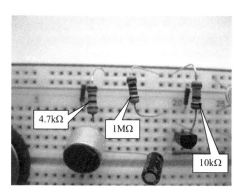

图1-18-8　三个电阻特写

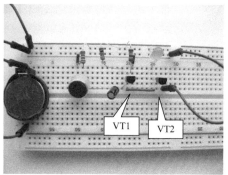

图1-18-9　整体布局图

注意

　　LED1要接在VT2的集电极与电源正极之间，最好不要接在VT2的发射极与电源负极之间，否则灵敏度很低。

5. 装配图

见图1-18-10。

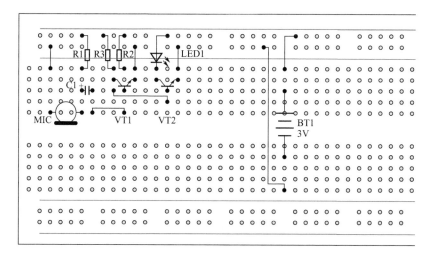

图1-18-10　声控装配图

儿子：刚才我将这个制作放在电视机旁边，LED闪烁不是很灵敏，只是在声音比较大的时候，闪烁才明显，能否设计一款比这个更灵敏的？

 父亲：可以再增加一级三极管放大电路，提高灵敏度，信号进一步放大后驱动LED。这个制作下节咱们一起来学习，并且在该电路的基础上设计一款声光控延时LED。

第十九节　高灵敏度声光控延时LED

在上节电路的基础上，再增加一级三极管放大信号，信号进一步得到放大，灵敏度非常高。

1. 电路

如图1-19-1所示。

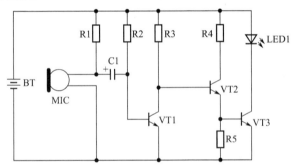

图1-19-1　高灵敏度声光控延时LED电路

2. 元器件清单

序号	名称	标号	规格	备注	序号	名称	标号	规格	备注
1	电阻	R1	4.7kΩ		7	三极管	VT2	8050	或9014
2	电阻	R2	1MΩ		8	三极管	VT3	8050	或9014
3	电阻	R3	10kΩ		9	发光二极管	LED1	5mm	
4	电阻	R4	100Ω		10	电容	C1	1μF	
5	电阻	R5	100kΩ		11	驻极体话筒	MIC		
6	三极管	VT1	8050	或9014	12	电源			3V

3. 面包板上制作

如图1-19-2所示。

声光控延时灯，在楼梯、公共卫生间等都有使用，在图1-19-1基础上设计一款简单的声光控延时LED，模拟真正的声光控灯。

 儿子：楼道中的声光控灯，都是点亮一段时间后熄灭，在图1-19-1的电路图中，需要改变或者增加什么元件呢？

 父亲：需要将电容C1由原来1μF换为47μF，还要增加光敏电阻。

面包板制作如图1-19-3所示。

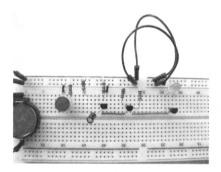

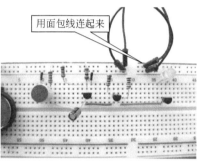

用面包线连起来

图1-19-2 面包板制作展示　　　图1-19-3 改变C1由原来的1μF变为47μF

 儿子：刚才的制作延时效果达到了，如何加入光控？白天即使有声音，LED也不亮，才是一款节能的声光控延时LED。

 父亲：前面我们在"模拟消防应急照明电路"中学习了如何增加光敏电阻，可以把它尝试着用到今天的电路中。在图1-19-1中三极管VT2的基极与负极之间增加一个光敏电阻，如图1-19-4所示。

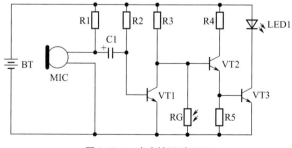

图1-19-4 声光控延时LED

面包板上制作见图1-19-5。

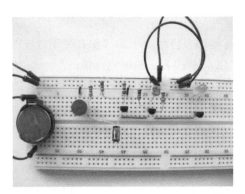

图1-19-5　增加光敏电阻（注意这个面包板红蓝线在中间是断开的）

4. **声光控延时LED装配图**

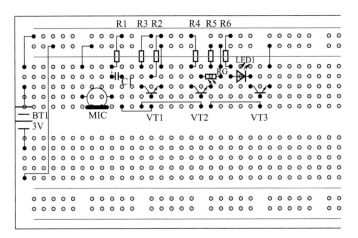

图1-19-6　装配图

第二十节　双色闪烁LED

　　当你走在大街上看到五彩缤纷的广告牌，喜欢自己动手制作东西的朋友们可能会有一种冲动，自己DIY一个LED闪烁的电路，比如说，制作一个心形的LED送给你喜欢的人。咱们先从最基础的来做起。

一、双色闪烁LED

1. 电路

如图1-20-1所示。

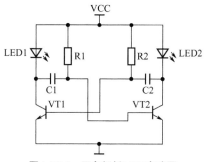

图1-20-1　双色闪烁LED电路图

2. 元器件清单

序号	名称	标号	规格	备注	序号	名称	标号	规格	备注
1	电阻	R1	1MΩ		6	电容	C2	105	独石电容
2	电阻	R2	1MΩ		7	发光二极管	LED1	5mm	
3	三极管	VT1	8050		8	发光二极管	LED2	5mm	
4	三极管	VT2	8050		9	电源		3V	2032
5	电容	C1	105	独石电容					

3. 一起来分析

　　电源一接通，两个三极管争先恐后地导通，但是元器件存在差异，期间只有一个三极管先导通，假如VT1先导通，VT1集电极电压下降，LED1点亮，电容C1的左端接近0V电压，由于C1两端的电压不能突变，VT2的基极电压也接近0V，VT2截止，LED2熄灭，随着电源通过R1对C1充电，使三极管VT2基极电压逐渐升高，当超过0.7V时，VT2由截止变为导通，集电极电压下降，LED2点亮，同时VT2集电极电压下降，通过C2的作用，使三极管VT1的基极电压下降，VT1由导通变为截止，LED1熄灭。如此循环，周而复始，两个LED就不停地闪烁。

　　此电路仅采用了两个LED，你可以多并联几个，将LED组成一个心形或者是文字等都可以，是不是很期待呢？赶快行动起来，DIY一款独一无二的作品送给父母或者朋友！

儿子：LED闪烁的速度可以改变吗？

父亲：可以，通过改变电阻R1，R2阻值以及C1，C2的容量就可以做到，你可以试着更换一下，观看闪烁效果。

4. 在面包板上制作步骤

如图1-20-2～图1-20-6所示。

图1-20-2 安装三极管与LED

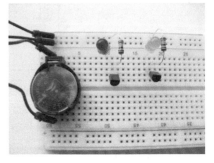

图1-20-3 安装电阻

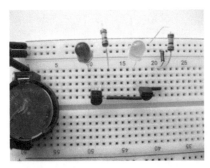

图1-20-4 两个三极管发射极与电源负极相连

图1-20-5 增加电容

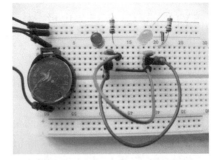

图1-20-6 制作整体图（电阻R1下端与VT2的基极之间用面包线
连接，电阻R2下端与VT1的基极之间用面包线连接）

5. 装配图

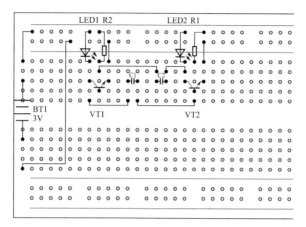

图1-20-7 装配图

二、双色LED

双色LED分为共阳与共阴两种,在这里只介绍共阳双色LED,它一共有三个引脚,一个是公共阳极,其余两个分别是红色与绿色的阴极,双色LED的外观如图1-21-8所示。

电路图形符号见图1-20-9,用LED表示。

有兴趣的读者,可以尝试将双色共阳LED应用到图1-20-1的电路中,在此不再介绍。

图1-20-8 双色共阳LED

图1-20-9 双色共阳LED图形符号

第二十一节 电子门铃

今天带领大家制作一款以三极管为主要元件组装的门铃,电路非常简单。

1. 电路

如图1-21-1所示。

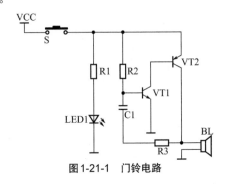

图1-21-1 门铃电路

2. 元器件清单

序号	名称	标号	规格	备注	序号	名称	标号	规格	备注
1	电阻	R1	470Ω		6	发光二极管	LED1	5mm	
2	电阻	R2	200kΩ		7	电容	C1	103	独石电容
3	电阻	R3	1kΩ		8	微动开关	S	两脚	
4	三极管	VT1	8050		9	扬声器	BL	0.5W	
5	三极管	VT2	8550		10	电源		6V	

3. 一起来分析

开关接通后，R2向VT1的B极提供电压，VT1有了偏置而导通。VT1导通引起VT2导通（此时是浅导通）。VT2导通后，扬声器得电，上端有电压，此电压经R3、C1送到VT1的B极，VT1的偏置得到加强而进一步导通。VT1使VT2进一步导通，扬声器电流进一步加大。扬声器上端电压进一步升高。如此形成循环，使VT2由浅导通到完全导通（即饱和）。使扬声器的电流由小变大。当VT2饱和后（等于6V电源直接加给扬声器），扬声器上的电压就是不变的了，此时因为C1的隔离作用，扬声器上的电压就不会再通过R3、C1加到VT1的B极。VT1的B极电压就要下降，VT1的导通程度就要变弱，VT1使VT2的导通程度也变弱。VT2导通程度变弱使扬声器电流变小，扬声器上的电压降低。扬声器上降低的电压经R3、C1使VT1的B极电压进一步降低，VT1导通程度更弱，使VT2导通程度也更弱，形成循环，最终使VT2截止。VT2截止后，扬声器上无电压。整个电路回到第一步重新开始形成上述的两个循环。上述两个循环合起来是一个大循环，这就是振荡。振荡的结果就是喇叭中的电流由无到有到大，再由大到小到无，不断循环，喇叭发出声音。

图中R3与C1是反馈元件，反馈是将放大输出信号（电压或电流）的一部分或全部返回到放大输入端。

4. 在面包板上制作步骤

如图1-21-2～图1-21-7所示。

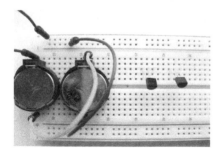

图1-21-2 安装三极管

图1-21-3 安装电源指示灯

图1-21-4 三极管VT1发射极接负极，
VT2发射极接正极

图1-21-5 VT1增加启动电阻

图1-21-6 增加微动开关

图1-21-7 组装成品

5. 装配图

如图1-21-8所示。

 儿子：我不喜欢这种音调，可以换一种吗？

 父亲：可以呀，通过更改R2、R3的阻值以及电容C1的容量。还有一种最简单的方法，就是你可以将电阻R2换为光敏电阻，将制作放在不同的亮暗环境中，扬声器会发出不同的音调，电路如图1-21-9，该制作叫做变调电子门铃。

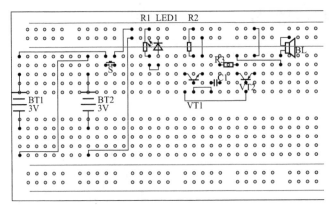

图1-21-8　装配图

面包板制作如图1-21-10所示。

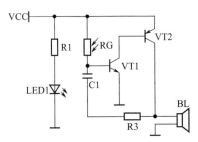

图1-21-9　变调电子门铃电路图

图1-21-10　电阻R2换为光敏电阻

　　在图1-21-9基础上设计一款防盗报警器，将光敏电阻换为原来的电阻200kΩ，基极引一条导线连接到负极，报警器就不工作。在实际应用中可以将导线换为非常细的漆包线，将贵重宝贝围起来，不法分子将导线不小心弄断后，报警器就会响起来。电路如图1-21-11所示。图中标注两个A，表示这两点是连接起来的（网络标号，是电路图的一种标注方法），A点通过导线接到电源的负极，反馈回路失去作用，由于R2的电阻比较大，电流非常小，不用担心耗电问题。

　　在面包上的制作如图1-21-12所示。

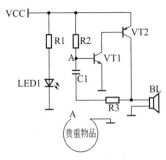

图1-21-11　防盗报警器

图1-21-12　防盗报警器面包板制作

第二十二节 多功能音乐芯片

图1-22-1 音乐芯片

芯片也可以称为集成块，今天给大家介绍的芯片型号是C002-3A，如图1-22-1所示，根据选声引脚所接高低电平不同，能发出110/119/120等不同的声音。

仔细观察表面有封装时压出的半圆形标志，引脚识别方法是将集成块水平放置，引脚向下，半圆形标志朝左边，左下角为第一个引脚，其次按逆时针方向数，依次为2，3，4，5等。

芯片引脚功能如表1-22-1所示。

表1-22-1 C002-3A芯片引脚功能

序号	标注	功能	序号	标注	功能
1	OSC	外接振荡电阻	5	OUT	信号输出
2	OSC	外接振荡电阻	6	NC	空脚
3	F2	选声端	7	VCC	正极
4	VSS	负极	8	F1	选声端

使用该芯片要注意，电源电压不能超过3.6V，振荡电阻取值范围100～240kΩ，阻值大小影响输出频率，经过多次试验，电源电压3V时，电阻为200kΩ，输出各种声音最逼真。最关键是选声端F1、F2如何接入，参照表1-22-2。

表1-22-2 选声端接法

F1	F2	音效	F1	F2	音效
不接	不接	110	VSS	不接	120
VDD	不接	119	不接	VDD	机关枪

一、音乐芯片初体验

电路是非常简单的，尝试不提供电路图直接在面包板上制作。

制作步骤：

音乐芯片供电以及振荡电阻接入电路，见图1-22-2。

当F1与F2都不接时，扬声器发出"110"报警声，自己按照选声端接法，体会其他音效。

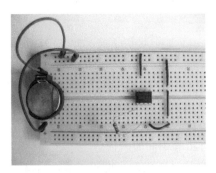

图1-22-2 步骤一（供电及振荡）

图1-22-3 步骤二（增加扬声器）

儿子：我们听到了几种不同的声音，电路很简单，但是声音比较小，有什么办法吗？

父亲：通过前面的学习，三极管能将微弱的信号放大，可以在芯片的输出端增加三极管驱动扬声器。

如图1-22-4所示，三极管采用8550。

图1-22-4 三极管放大信号

二、多路报警器制作

1. 电路图

音乐芯片接法，报警110。

如图1-22-5所示。

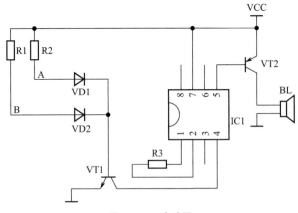

图1-22-5 电路图

2. 元器件清单

序号	名称	标号	规格	备注	序号	名称	标号	规格	备注
1	电阻	R1	1kΩ		6	三极管	VT1	8050	
2	电阻	R2	1kΩ		7	三极管	VT2	8550	
3	电阻	R3	200kΩ		8	音乐芯片	IC1	C002-3A	
4	二极管	VD1	1N4148		9	扬声器	BL	0.5W	
5	二极管	VD2	1N4148		10	电源		3V	2032

3. 一起来分析

设计两路报警，图中A点与电源负极之间采用细导线（漆包线）围住需要保护的现场；同理B点与电源负极也采用细导线连接保护另一个现场。正常时候，二极管VD1、VD2阳极均接地，三极管VT1截止，音乐芯片失电而不能工作，扬声器BL也就不会发声。若不知情的不法分子进入设防区，任何一路细导线断开，三极管VT1都会导通，IC1得电工作，扬声器发出"110"报警声音。掌握本制作中信号采集方法，三极管VT1在此的用法。

4. 面包板制作步骤

如图1-22-6～图1-22-8所示。

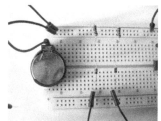
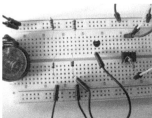
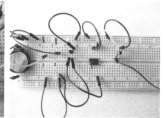

图1-22-6　安装电阻以及二极管　　　图1-22-7　安装三极管　　　图1-22-8　制作完成图

第二十三节　开门报警器

干簧管是具有磁力感应而使内部接点闭合的一种开关。如图是一款干簧管外观。干簧管与磁铁相互依存，如图1-23-1所示。

干簧管的工作原理非常简单，玻璃壳内部两片可磁化的簧片、间隔距离仅约几微米，玻璃壳中装填有高纯度的惰性气体，没有足够的磁力时，两片簧片并未接触，处于常开状态；当外加的磁场使两个簧片端点位置附近产生不同的极性，结果不同极性的簧片将互相吸引而闭合。干簧管可以作为传感器用于计数、限位等。干簧管相对于一般机械开关具有结构简单、体积小、速度高、工作寿命长等优点。

干簧管的图形符号如图1-23-2所示，用字母K表示。

图1-23-1　干簧管

图1-23-2　干簧管图形符号

父亲：在做实验时注意干簧管引脚的整形，当需要弯曲时，打弯的地方不能靠近玻璃壳，否则有可能引起玻璃破损，这点一定要注意。

儿子：明白了，干簧管与磁铁是一对好朋友，在一起就导通，分开后就断开，我要在面包板上做个简单实验验证一下。

父亲：今天这个电路自己搭建，看一看干簧管的"真本事"。

演示干簧管控制LED，如图1-23-3、图1-23-4所示。

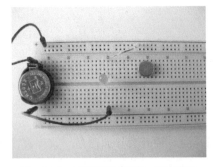

图1-23-3　磁铁远离干簧管，LED熄灭

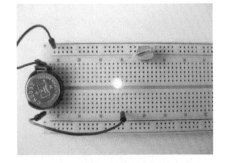

图1-23-4　磁铁靠近干簧管，LED点亮

一、干簧管初体验

1. 电路图

如图1-23-5所示。

2. 元器件清单

序号	名称	标号	规格	备注
1	干簧管	K		
2	电阻	R1	1kΩ	
3	电阻	R2	100Ω	
4	电阻	R3	1kΩ	
5	电阻	R4	100Ω	
6	三极管	VT1	8050	
7	三极管	VT2	8050	
8	发光二极管	LED1	5mm	
9	发光二极管	LED2	5mm	
10	电源		3V	2032

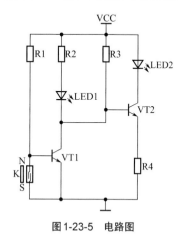

图1-23-5　电路图

3. 一起来分析

磁铁远离干簧管时，三极管VT1的基极经过电阻R1获得较高电压而导通，发光二极管LED1点亮，三极管VT2的基极电压接近0V而截止，发光二极管LED2熄灭；当磁铁靠近干簧管时，干簧管内部常开触点闭合，三极管VT1的基极电压接近0V而截止，发光二极管LED1熄灭，三极管VT2的基极经过电阻R3获得较高电压而导通，发光二极管LED2点亮。

4. 面包板制作步骤

如图1-23-6～图1-23-9所示。

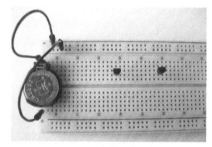

图1-23-6　安装两个三极管

图1-23-7　安装干簧管以及电阻R1

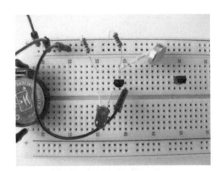

图1-23-8　安装电阻R2以及LED1

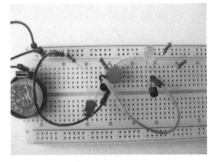

图1-23-9　安装三极管VT2周边的元件

5. 装配图

见图1-23-10。

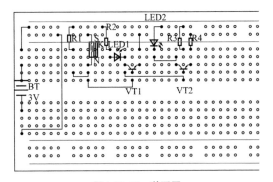

图1-23-10　装配图

二、开门报警器

1. 电路

见图1-23-11。

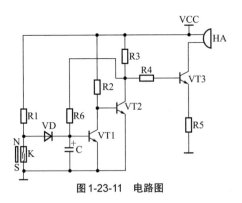

图1-23-11　电路图

2. 元器件清单

序号	名称	标号	规格	备注	序号	名称	标号	规格	备注
1	电阻	R1	10kΩ		8	三极管	VT1	8050	
2	电阻	R2	10kΩ		9	三极管	VT2	8050	
3	电阻	R3	10kΩ		10	三极管	VT3	8050	
4	电阻	R4	1kΩ		11	蜂鸣器	HA	有源	
5	电阻	R5	100Ω		12	二极管	VD	1N4007	
6	电阻	R6	47kΩ		13	干簧管	K		
7	电容	C	1μF		14	电源		6V	2032

3. 一起来分析

将干簧管固定在门框上，门边装一块小磁铁。当门关时，干簧管受到磁力而闭合，二极管 VD 阳极接地而截止，三极管 VT1 截止，VT2 导通，VT3 截止，蜂鸣器不发声。当门开时，干簧管内部断开，二极管 VD 阳极获得高电平而导通，三极管 VT1 导通，VT2 截止，VT3 导通，蜂鸣器报警，但是由于 R6 的存在，将VT2 集电极的高电压通过 R6 加至 VT1 的基极，这时候即使将门关住，VT1 的工作状态也不会改变，形成自锁，一直导通，蜂鸣器一直发声，只有断开电源报警才能解除。

三极管 VT1 与 VT2 构成自锁回路，二极管 VD 起隔离作用，电容 C 起防止干扰作用。

4. 面包板制作步骤

如图 1-23-12 ～图 1-23-17 所示。

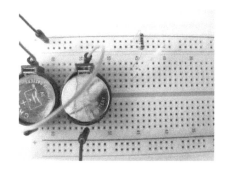

图 1-23-12　安装干簧管以及电阻 R1

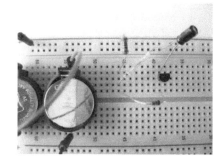

图 1-23-13　安装三极管 VT1 周边元件

图1-23-14　安装三极管VT2

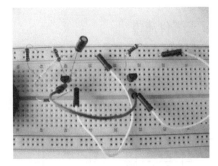

图1-23-15　安装三极管VT2周边引线

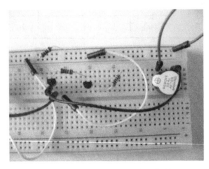

图1-23-16　安装有源蜂鸣器

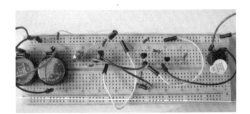

图1-23-17　组装成品

5. 装配图

见图1-23-18。

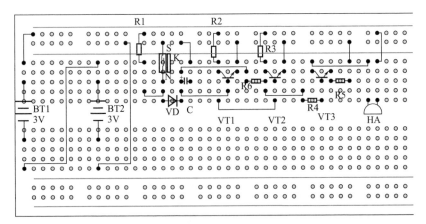

图1-23-18　装配图

第二章

兴趣提高

在本章我们会更深入地学习电子知识，包括如何制作电源、可控硅的使用，以及最常见的集成电路基础知识，并且围绕集成电路设计一系列比较实用的电子制作。

一起玩电子

电子制作入门、拓展全攻略

第一节 停电报警器

在银行等一些特定场合，必须保证不间断地供电，市电正常供电时，报警处于监测状态，当220V电源断电（或停电）时，停电报警器马上发出响亮的报警声，提示告知工作人员，采取相应的措施。那模拟停电报警器的制作都需要哪些元器件呢？

一、变压器

变压器是利用电磁感应原理制成的一种器件，主要作用是将交流电（而不是直流电）升压或者降压。在本制作中主要利用它的降压功能。常见的是E形变压器，它的结构是用E形硅钢片交替叠加而成，一次与二次绕组公用一个骨架，一次绕组接220V，二次绕组就是变压后的电压。

变压器外观如图2-1-1所示。

变压器的图形符号如图2-1-2所示，用字母T表示。

图2-1-1 变压器

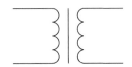

图2-1-2 变压器图形符号

交流电的大小与方向随时间的变化而变化，交流电用符号AC表示，家用电视机、空调、农业灌溉等都是交流电，通俗地说，交流电的正负极不是固定的，交流电的电压波形如图2-1-3所示。而直流电的大小与方向几乎不变，例如电池、电瓶等。

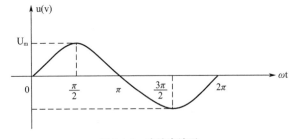

图2-1-3 交流电波形

为了制作安全起见，采用交流适配器，其实就是封装在塑料壳内的变压器，如图2-1-4所示。

将电源输出插头剪掉，接上两条面包线，方便在面包板上制作。如图2-1-5所示。

图2-1-4 交流适配器

图2-1-5 适配器接上面包线

图中，INPUT：AC220V 50Hz即输入220V 50Hz交流电；OUTPUT：AC6V 200mA即输出200mA 6V交流电。

二、交流电点亮LED

 儿子：在第一章不是说，LED在使用中需要注意极性，交流电大小与方向随时间而变化，能点亮LED吗？

 父亲：耳听为虚，眼见为实，先在面包板制作，等会再给你解释其中的缘由。

1. 菜单

6V交流适配器，电阻1kΩ，LED一个。

2. 直接在面包板上制作

如图2-1-6所示。

图2-1-6 交流电点亮LED

儿子：很有趣，交流电同样也需要电阻降压限流，如果不加电阻，LED是不是也要烧坏了？

父亲：是的！因为使用的是6V变压器，不能直接加在LED两端。

仔细观察交流电压波形图，结合变压器图形符号。当二次感应电压上正下负时，如图2-1-7所示，LED1正向导通而点亮，但是当二次感应电压上负下正时，如图2-1-8所示，LED1截止而熄灭。

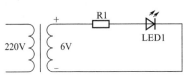

图2-1-7　LED正向导通点亮

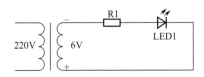

图2-1-8　LED反向截止熄灭

儿子：我看到LED一直点亮着，并没有熄灭呀？

父亲：我国交流电频率是50Hz，就是说1秒钟变化50次，在点亮LED的实验中，交流电只有正半周通过LED，但是变化速度较快，由于人眼视觉暂留，因此看到就是点亮的LED。

三、光电耦合器

光电耦合器（也叫光耦）是把发光器件和光敏器件封装在一起，用它可完成电信号的耦合和传递，实现电—光—电的转换。光电耦合器的外观如图2-1-9所示。

光电耦合器具有体积小、使用寿命长、抗干扰性能强的特点。最大的优点是无触点且输入与输出在电气上完全隔离（后面我们讲到的继电器控制器件就是有触点的），因而在各种电子设备上得到广泛应用。光电耦合器里面的光敏三极管和普通三极管相似，也有电流放大作用，只是它的集电极电流不只是受基极电流控制，同时也受光辐射的控制。基极引出，用于温度补偿和其他附加控制。

在制作中以4N26（或者4N35）为例，光电耦合器的图形符号如图2-1-10所示，用U（IC）表示。

图2-1-9　光耦4N35

4N26（或者4N35）引脚排列示意图，如图2-1-11所示。

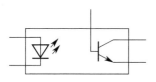

图2-1-10　光耦4N35图形符号

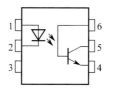

图2-1-11　4N35引脚排列

 儿子：如何判断光耦的好坏呢？

 父亲：可以通过下面简单的电路判断它的好坏。

1. 电路图

见图2-1-12。

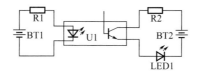

图2-1-12　判断光偶的好坏

2. 菜单

光耦U1（4N35），电阻R1、R2（470），BT1、BT2（3V），LED1。

3. 一起来分析

BT1通过电阻R1为光耦内发光二极管供电，光耦U1内光敏三极管导通，BT2通过电阻R2、光敏三极管CE，加至LED1，LED1点亮，说明光耦基本正常。

4. 面包板电路制作展示

如图2-1-13所示。

图2-1-13　"判断光耦好坏"面包板制作展示

四、停电报警器

1. 电路

如图2-1-14所示。

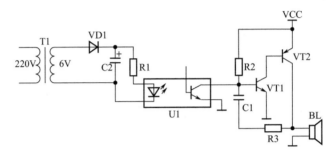

图2-1-14　停电报警器电路图

2. 元器件清单

序号	名称	标号	规格	备注	序号	名称	标号	规格	备注
1	光耦	U1	4N35		7	三极管	VT1	8050	
2	电阻	R1、R3	1kΩ		8	三极管	VT2	8550	
3	电阻	R2	200kΩ		9	扬声器	BL		
4	电容	C1	103	独石电容	10	交流适配器	T1	6V	
5	电容	C2	100μF	滤波	11	电源	VCC	6V	2032
6	二极管	VD1	1N4007	整流					

3. 一起来分析

电路分为两部分，分为检测与报警电路。报警部分工作原理参照第一章电子门铃中报警部分的原理。重点是检测电路，交流适配器输出6V，经过二极管VD1整流，电容C2滤波（整流滤波后面后讲解），可以获得比较稳定的直流电，该直流电通过电阻R1限流，光耦U1内光电三极管导通，三极管VT1基极相当于接到负极而截止，报警部分停止振荡；当停电时，变压器T输出电压为0，光耦U1内光电三极管截止，报警电路恢复正常振荡，扬声器发声。

4. 面包板制作展示

如图2-1-15所示。

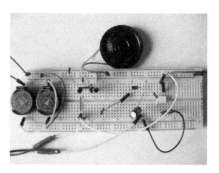

图2-1-15 "停电报警器"面包板制作

第二节 认识NE555定时集成电路

NE555是一个用途很广且质优价廉的定时集成块，外围只需很少的电阻和电容，即可完成一系列制作，譬如可以由NE555制作无稳态触发器、单稳态触发器、双稳态触发器。NE555外观如图2-2-1所示。NE555内部由三个5kΩ电阻组成分压器、两个比较器、一个触发器、放电管以及驱动电路组成。

NE555引脚功能如表2-2-1。

图2-2-1 NE555

表2-2-1 NE555引脚功能

引脚号	标注	功能	引脚号	标注	功能
①	GND	负极（地）	⑤	CTRL	控制
②	TRIG	触发	⑥	THR	阀值
③	OUT	输出	⑦	DIS	放电
④	RST	复位	⑧	VCC	电源正极

表中：第②引脚，当该脚电压降至1/3VCC时，输出端输出高电平。

第④引脚，该引脚接高电平NE555具备工作条件。

第⑤引脚，控制阀值电压，一般对地接0.01μF（103），防止干扰。

第⑥引脚，当该脚电压高于2/3VCC时，输出端输出低电平。

第⑦引脚，用于给电容放电。

NE555输出真值表见表2-2-2。

表2-2-2　NE555真值表

输入		输出	
NE555⑥脚	NE555②脚	NE555③脚	内部放电管VT
>2/3VCC	>1/3VCC	0	导通
<2/3VCC	>1/3VCC	不变维持	不变维持
<2/3VCC	<1/3VCC	1	截止
>2/3VCC	<1/3VCC	1	截止

NE555图形符号如图2-2-2所示，用字母IC表示。

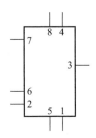

图2-2-2　NE555图形符号

一、NE555无稳态电路（又称为多谐振荡器电路）

无稳态是指输出状态不能稳定，其输出一直在高低电平轮流变化。

1. 电路

如图2-2-3所示。

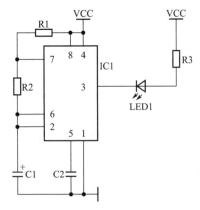

图2-2-3　"NE555无稳态"电路图

2. 元器件清单

序号	名称	标号	规格	备注
1	集成块	IC1	555	
2	电阻	R1	10kΩ	
3	电阻	R2	10kΩ	
4	电阻	R3	470Ω	
5	电容	C1	47µF	
6	电容	C2	103	防止干扰
7	发光二极管	LED1	5mm	
8	电源		6V	2032

3. 一起来分析

LED1大约每秒闪烁一次，对计算公式有兴趣的同学可以自学了解一下。

无稳态电路工作原理：刚上电时，由于电容C1两端的电压不能突变，IC1处于置位状态，3脚输出高电平，LED1熄灭，同时IC1内部放电三极管VT处于截止状态，电源通过电阻R1、R2对电容C1充电，随着时间延长，当电容C1电压达到2/3VCC时，3脚输出低电平，LED1点亮，同时IC1内部的放电三极管VT处于导通状态，电容C1通过电阻R2、VT放电，当电容C1上电压降到1/3VCC时，3脚输出又呈现高电平，不断循环出现，形成无稳态状态。

3脚高低电平转换时间长短与电阻R1、R2、电容C1有关。

4. 面包板制作演示

如图2-2-4所示。

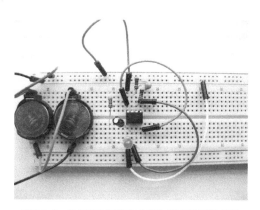

图2-2-4 "NE555无稳态电路"面包板制作展示

二、NE555 单稳态电路

稳定状态时，当触发后，电平状态发生变化，处于暂稳态，过一段时间，又回到原来的状态。

 儿子：楼道的声控开关是不是单稳态状态呢？

 父亲：是的，在晚上，当你拍手后，灯泡亮一段时间（暂稳态）后熄灭（稳定）。

NE555单稳态电路的接法也有几种，触摸延时LED是其中的一种接法。

1. 电路

如图2-2-5所示。

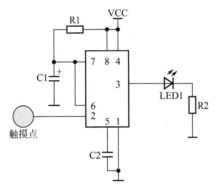

图2-2-5 "触摸延时LED（单稳态）"电路图

2. 元器件清单

序号	名称	标号	规格	备注
1	集成块	IC1	555	
2	电阻	R1	200kΩ	
3	电阻	R2	470Ω	
4	电容	C1	10μF	
5	电容	C2	103	防止干扰
6	发光二极管	LED1	5mm	
7	电源		6V	2032

3. 一起来分析

当用手触摸IC1的2脚面包线时，由于感应电压触发2脚，电压低于1/3VCC，3脚输出高电平，LED1点亮，同时内部放电三极管VT截止，电路进入暂时稳定状态，电源VCC通过电阻R1给电容C1充电，当电压充到2/3VCC时，3脚输出低电平，LED1熄灭，IC1内放电管VT导通，暂稳态结束，进入稳定状态。

4. 面包板电路制作展示

如图2-2-6所示。

图2-2-6 "触摸延时LED（单稳态）"面包板制作展示

 儿子：触摸能不能改为遥控的，让LED点亮延时一段时间？

 父亲：前面我们学习了遥控接收头，将一体化接收头输出信号接在IC1的2脚，用遥控器对着接收头，随意按压一个按键，观看效果。

电路如图2-2-7所示。

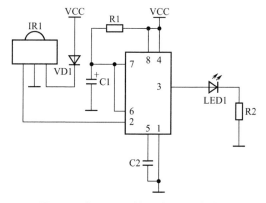

图2-2-7 "NE555遥控延时LED"电路图

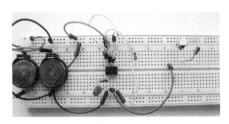

图2-2-8 "遥控延时LED"面包板制作展示

在图2-2-5 基础上，增加一体接收头 IR1，二极管 VD1（1N4007）的作用主要是降压，为接收头供电。当按压遥控器时，红外发射头输出低电平信号，加至2脚，LED1点亮，C1充电电压至2/3VCC的时间长短，决定LED1延时时间的长短。

面包板电路制作展示如图2-2-8所示。

三、NE555 双稳态电路

双稳态电路有两种稳定状态，受到触发后，就稳定在那种状态，受到下一次触发以后，再翻转。

1. 电路

如图2-2-9所示。

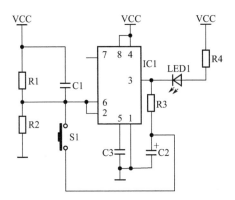

图2-2-9 "NE555 双稳态"电路图

2. 元器件清单

序号	名称	标号	规格	备注	序号	名称	标号	规格	备注
1	集成块	IC1	555		6	电容	C1、C3	103	
2	电阻	R1	10kΩ		7	电容	C2	1μF	
3	电阻	R2	10kΩ		8	微动开关	S1		
4	电阻	R3	1MΩ		9	发光二极管	LED1	5mm	
5	电阻	R4	470Ω		10	电源		6V	2032

3. 一起来分析

　　刚上电时，由于C1的存在，IC1第6脚获得一正脉冲，3脚输出低电平，按下微动开关S，电容C2两端无电压，也就是0V，该电压通过S1加至IC1的第2（6）引脚，3脚输出高电平，LED1熄灭，同时3脚高电平通过电阻R3给电容C2充电，S1释放后，电容C2充的电压接近电源电压，但是2、6引脚此时电压被外接的电阻置于1/2VCC，3脚继续输出高电平，维持不变；再次按下S1，电容C2刚才充的电压加至6脚，并且该电压接近电源电压，大于2/3VCC，3脚输出低电平，LED1点亮，微动开关S1释放后，电容C2电压通过电阻R3，3脚放电，此时2、6引脚电压被外接的电阻置于1/2VCC，3脚继续输出低电平，维持不变。

　　以上是一个按键实现双稳态，每次操作按键的时间不能过长，控制在1秒内。

4. 面包板制作展示

　　如图2-2-10所示。

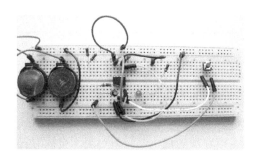

图2-2-10 "NE555双稳态"面包板制作展示

第三节　如何获得稳定的直流电

　　交流适配器输出降压的交流电，而电子元件比如三极管、二极管等工作时需要稳定的直流电，我们有必要将交流电变为直流电。

一、半波整流滤波

　　还记得交流电的波形吗？是不是很像一个"倒扣碗"与"正放碗"交替放置在横线的两侧。

1. 半波整流电路

如图2-3-1所示。

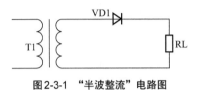

图2-3-1 "半波整流"电路图

2. 元器件清单

序号	名称	标号	规格	备注
1	交流适配器	T1	6V	
2	电阻	RL		不固定
3	二极管	D1	1N4007	

3. 一起来分析

　　半波整流是如何工作呢？当变压器次级（二次绕组）感应电压上正下负时，二极管VD1正向导通，负载电阻有电流通过；当变压器次级（二次绕组）感应电压上负下正时，二极管VD1反向截止，负载电阻无电流通过。半波整流只有"倒扣碗"的波形能让VD1导通，而"正放碗"的波形无法通过VD1，所以称为半波整流，是比较浪费电能的。半波整流的波形如图2-3-2所示，按照图2-3-1的接法，只留下"倒扣碗"的波形，它严格被称为脉动直流电，只是方向不变大小还在变化，这种电压不能直接给电子元件供电，还需要进行滤波环节，将脉动变为比较稳定的直流电，谁能担任重任呢？

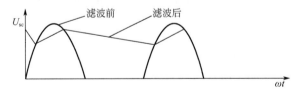

图2-3-2 半波整流滤波波形

　　前面讲过电容能充放电，滤波正是利用它的这个功能而实现的，电路如图2-3-3所示。当"倒扣碗"波形上升时，VD1导通，电流通过RL，同时向电容C1充电，一直到最大值；当"倒扣碗"波形下降时，由于电容C1两端的电压不能突变，而此时 VD1 承受反向电压（C1 电压大于整流电压），C1 通过 RL 放电，很快下一个周期到来，重复以上步骤。C1 在这里起到"削峰填谷"的作用。滤波后的波形参照图 2-3-2（滤波后）。

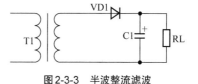

图 2-3-3　半波整流滤波

　　比如用 U_2 代表次级交流电压，半波整流后的脉动直流电压是 $0.45U_2$，而滤波后的电压大约是 $1.4U_2$，滤波电容耐压一般是 $2U_2$，容量越大效果越好。

　　单向整流滤波电路非常简单，但是它只利用了交流电的半个周期，利用效率低，后面学习的桥式整流滤波，可以弥补半波整流的不足。

4. 面包板电路

　　我们可以将图 2-3-3 中的 RL 电阻换成 LED，同时限流电阻 R 取值 1kΩ，滤波电容取值 100μF，在面包板上制作，如图 2-3-4 所示。

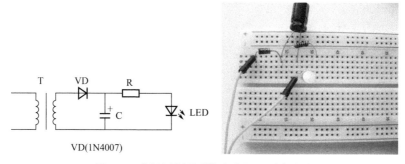

图 2-3-4　"半波整流滤波"电路图及面包板制作

二、桥式整流滤波

1. 桥式整流滤波电路

　　如图 2-3-5 所示。

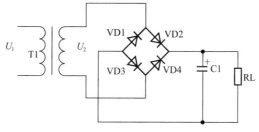

图 2-3-5　"桥式整流滤波"电路图

2. 元器件清单

序号	名称	标号	规格	备注
1	交流适配器	T1	6V	
2	电阻	RL		不固定
3	二极管	VD1 ～ VD4	1N4007	

3. 一起来分析

当次级（二次绕组）感应电压上正下负时，电流的方向是U_2上端→二极管VD2→负载电阻RL→二极管VD3→U_2下端；当次级（二次绕组）感应电压上负下正时，电流的方向是U_2下端→二极管VD4→负载电阻RL→二极管VD1→U_2上端。可以看出不管是"正放碗"还是"倒扣碗"电流都能通过负载RL。桥式整流后的波形如图2-3-6所示，同样也是脉动直流电，需要在整流后增加滤波电容，才能变为比较稳定的直流电。

比如用U_2代表次级交流电压，桥式整流后的脉动直流电压是$0.9U_2$，而滤波后的电压大约是$1.4U_2$，滤波电容耐压一般是$2U_2$，容量越大效果越好。

桥式整流需要四个二极管，元件的设计人员为了简化电路制作，将四个整流二极管封装在一起，称之为桥堆，如图2-3-7所示。一共有四个引脚，标注AC（或者～）接交流电，标注"+"是正极，标注"–"是负极。

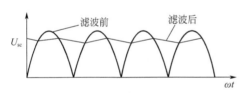

图2-3-6　桥式整流滤波波形

图2-3-7　桥堆

4. 面包板电路

如图2-3-8所示，桥式整流滤波经过限流电阻$1k\Omega$点亮LED。

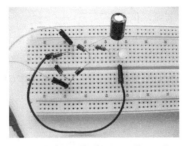

图2-3-8　"桥式整流滤波"面包板制作展示

三、稳压电路

不管是半波整流滤波，还是桥式整流滤波，获得电压都不是稳定的直流电压，还需要在整流滤波后再加上稳压电路。

一般二极管（例如1N4007）都是正向导通，反向截止；加在二极管上的反向电压，如果超过二极管的承受能力，二极管就要被击穿损毁。但是有一种二极管，正向特性与普通二极管相同，而反向特性却比较特殊，当反向电压加到一定程度时，虽然呈现击穿状态，但不损坏，尽管流过的电流在变化，而两端的电压却变化很小。这种特殊的二极管称之为稳压管。稳压管的外观如图2-3-9所示。

稳压管的图形符号如图2-3-10，用DW表示。

图2-3-9　一种稳压管外形

图2-3-10　稳压管图形符号

（一）稳压电路一

1. 电路图

如图2-3-11所示。

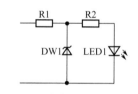

图2-3-11　"稳压电路一"电路图

2. 元器件清单

序号	名称	标号	规格	备注
1	电阻	R1	100Ω	
2	电阻	R2	470Ω	
3	发光二极管	LED1	5mm	
4	稳压二极管	DW1	5.1V	1N4733

3. 一起来分析

由于有稳压管的存在，稳压管两端的电压是5.1V。这种稳压电路，结构简单，使用元器件少，只能用在要求不高，电流比较小的场合。

4. 面包板电路

如图2-3-12所示。

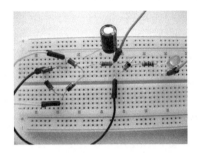

图2-3-12 "稳压电路一"面包板制作展示

（二）稳压电路二（串联型稳压）

1. 电路图

如图2-3-13所示。

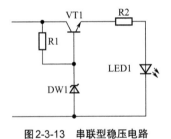

图2-3-13 串联型稳压电路

2. 元器件清单

序号	名称	标号	规格	备注
1	电阻	R1	100Ω	
2	电阻	R2	470Ω	
3	发光二极管	LED1	5mm	
4	稳压二极管	DW1	5.1V	型号1N4733 电流49mA
5	三极管	VT1	8050	

3. 一起来分析

三极管VT1基极电压由于稳压管DW1（5.1V）的存在，电压钳位在5.1V，VT1的发射极e电压是4.4V（5.1V–0.7V），串联型稳压电路可以提供较大的电流。

4. 面包板电路

如图2-3-14所示。

图2-3-14 "串联型稳压电路"面包板制作展示

（三）稳压电路三

采用固定式稳压块来稳压，组成稳压电源所需的外围元件极少，电路内部还有过流、过热及调整管的保护电路，使用起来可靠、方便，而且价格便宜。常见的三端稳压器是78XX与79XX系列，78XX表示稳压正电源，79XX表示稳压负电源，XX是稳压值，例如7805输出的是+5V电压。当型号中出现L、M时，它代表最大输出电流是100mA、500mA，否则输出电流是1.5A。外观见图2-3-15。

稳压块图形符号如图2-3-16所示，用IC表示。

图2-3-15 稳压块

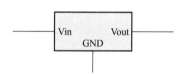

图2-3-16 稳压块图形符号

1. 电路

如图2-3-17所示。

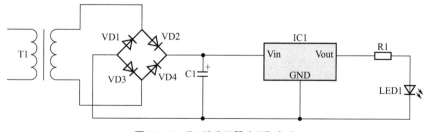

图2-3-17 "三端稳压器稳压"电路

2. 元器件清单

序号	名称	标号	规格	备注	序号	名称	标号	规格	备注
1	电阻	R1	1kΩ		5	交流适配器	T1	6V	
2	二极管	D1-D4	1N4007		6	电容	C1	100μF	
3	发光二极管	LED1	5mm		7	稳压块	IC1	LM7805	
4	稳压二极管	DW1	5.1V	1N4733					

3. 面包板电路

如图2-3-18所示。

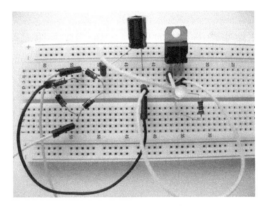

图2-3-18 "稳压电路三"面包板制作展示

第四节 计数器CD4017

图2-4-1 CD4017

CD4017 是一块计数器，有10个译码输出端，译码输出一般为低电平，只能在对应时钟周期内保持高电平。CP是信号输入端。INH为低电平时，计数器在时钟脉冲的上升沿计数；反之，计数功能无效。CR为高电平时，计数器清零。CD4017的外观见图2-4-1。

CD4017的引脚功能，如表2-4-1所示。

表2-4-1 CD4017的引脚功能

序号	标注	功能	序号	标注	功能
1	Q5	输出	9	Q8	输出
2	Q1	输出	10	Q4	输出
3	Q0	输出	11	Q9	输出
4	Q2	输出	12	CO	进位脉冲输出
5	Q6	输出	13	INT	禁止端
6	Q7	输出	14	CP	脉冲信号输入
7	Q3	输出	15	CR	清除端
8	VSS	电源负极	16	VDD	电源正极

注：表中，INT低电平时，计数器在脉冲上升沿计数，正常工作需要接低电平；

CR为清零（复位），正常工作时接低电平，当CR接高电平，Q0输出高电平，其余Q1～Q9输出全为低电平；

CP是信号输入端，脉冲上升沿开始计数；

输出Q0～Q9，当计数器计到哪一位，相应输出高电平，其余输出低电平；

CO是进位端，当计数器计数十个脉冲之后，CO端输出脉冲。

CD4017图形符号见图2-4-2，用字母IC表示。

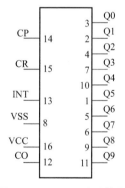

图2-4-2 CD4017图形符号

一、按键控制流水LED

1. 电路

如图2-4-3所示。

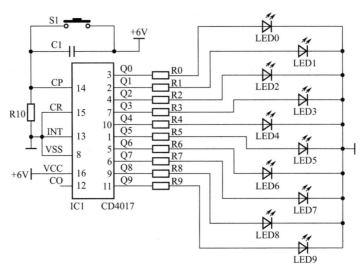

图2-4-3 "按键控制流水LED"电路图

---

2. 元器件清单

序号	名称	标号	规格	备注
1	电阻	R0 ~ R9	470Ω	
2	电阻	R10	10kΩ	
3	电容	C1	104	
4	微动开关	S1	两脚	
5	发光二极管	LED0 ~ LED9	5mm	
6	集成块	IC1	CD4017	
7	电源		6V	2032

---

3. 一起来分析

　　先不要接C1与R10，当每按压一次微动开关，相当于IC1的14引脚获得一个从0V到6V的跳变的电压波形，符合上升沿波形条件，理想状态下每按压一次，发光二极管从LED0依次循环点亮。但是在实际操作时，为什么不是依次点亮，而是随机点亮呢？要了解其中的缘由，还需学习按键消抖的知识。

　　由于微动开关内部是金属弹片，当按下微动开关，或者释放微动开关时，由于金属弹片的弹性作用，开关在闭合时不能立刻稳定地接通，在释放时金属弹片也不能立马断开，也就是在闭合与断开的一瞬间，出现一系列不稳定的抖动，消除抖动的方法可以利用电容充放电的特性，对按键抖动过程中产生的电压进行毛刺平滑处理。

将电容C1与电阻R10接上，再次进行试验，每按压一次微动开关，LED是不是依次轮流点亮？

儿子：如何设计一款能自动依次点亮LED的作品？

父亲：前面我们介绍555无稳态状态，可以将555输出的信号接到CD4017的输入端，实现LED自动流水效果，这个制作稍后介绍。

4. 面包板制作展示

如图2-4-4所示，在制作中为了布局美观，可以将LED与相应的限流电阻换位置，计数器可以先接LED在限流电阻到电源的负极。

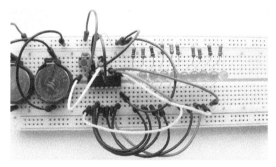

图2-4-4 "按键控制流水LED"面包板制作展示

5. 装配图

见图2-4-5。

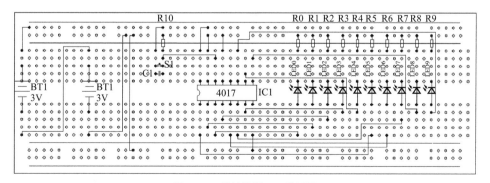

图2-4-5 按键控制LED装配图

二、自动循环流水LED（NE555与CD4017组成）

1. 电路

如图2-4-6所示，电路主要由NE555和CD4017组成。

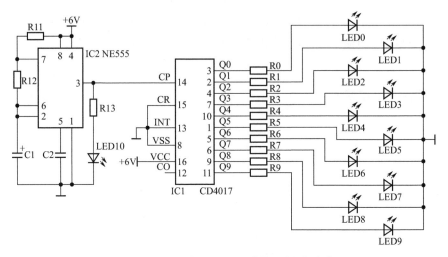

图2-4-6 "NE555与CD4017组成的流水灯"电路图

2. 元器件清单

序号	名称	标号	规格	备注
1	电阻	R0 ～ R9	470Ω	
2	电阻	R11 ～ R12	10kΩ	
3	电阻	R13	470Ω	
4	发光二极管	LED0 ～ LED10	5mm	
5	电容	C1	47μF	
6	电容	C2	103	
7	集成块	IC1	CD4017	
8	集成块	IC2	NE555	
9	电源		6V	2032

3. 一起来分析

NE555组成的无稳态状态，当R11（10kΩ）、R12（10kΩ）、电容C1（47μF）取值时，3脚输出频率约1Hz的方波信号，该方波信号加至CD4017的14脚，每一个上升沿依次驱动一个LED，你看到的结果就是，CD4017上所接的LED以每秒间隔的速度点亮。

儿子：有什么简便方法，改变LED的流水效果吗？

父亲：将C1更换为不同容量的电容，或者将电阻R12更换为100kΩ的可调电阻，调整可调电阻，观看流水效果。实验后，总结一下电容容量越大，流水速度是越快还是越慢呢？

4. 面包板制作展示

如图2-4-7所示。

图2-4-7 "NE555与CD4017组成的流水灯"面包板制作展示

三、利用CD4017设计遥控开关

1. 电路

如图2-4-8所示。

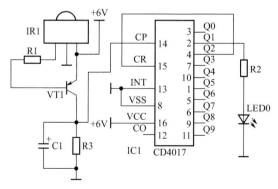

图2-4-8 "CD4017遥控开关"电路图

2. 元器件清单

序号	名称	标号	规格	备注
1	电阻	R1	10kΩ	
2	电阻	R2	470Ω	
3	电阻	R3	10kΩ	
4	电容	C1	10µF	
5	三极管	VT1	8550	
6	发光二极管	LED0	5mm	
7	一体化接收头	IR1		
8	集成块	IC1	CD4017	
9	电源		6V	2032

3. 一起来分析

静态时，CD 4017的Q0输出高电平，Q1、Q2输出低电平。

当按压电视遥控器任意一个按键，一体化接收头输出是一串负极性信号，经过三极管VT1倒相后输出是一串正极性信号，经过C1平滑滤波，加到CD4017的14脚，CD 4017的Q1输出高电平、LED0点亮、Q2输出低电平；再次按压遥控器时，CD4017的14脚又得到一个高电平，Q1输出低电平、LED0熄灭、Q2输出高电平，Q2同时加到CR端，CD4017复位。

4. 面包板电路

如图2-4-9所示。

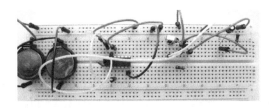

图2-4-9 "CD4017遥控开关"面包板制作展示

四、自动弹奏电子琴

NE555的第5脚在使用中一般不接外部电压，但是为了防止干扰，需要接一个0.01µF的电容到负极。

儿子：是不是给NE555的第5脚加上不同的电压，就能改变的振荡频率？

父亲：5脚外部加上电压，就可以改变它内部的分压比例，如果NE555与外围元件构成无稳态电路，不同的电压加在5脚，就可以改变振荡频率。

1. 电路

如图2-4-10所示。

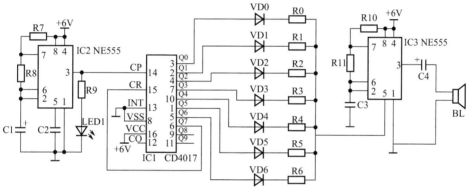

图2-4-10 "自动弹奏电子琴"电路图

2. 元器件清单

序号	名称	标号	规格	备注	序号	名称	标号	规格	备注
1	电阻	R0	100Ω		13	发光二极管	LED1	5mm	
2	电阻	R1	470Ω						
3	电阻	R2	1kΩ		14	电容	C1	47μF	
4	电阻	R3	4.7kΩ		15	电容	C2	103	
5	电阻	R4	10kΩ		16	电容	C3	104	
6	电阻	R5	47kΩ		17	电容	C4	10μF	
7	电阻	R6	100kΩ		18	集成块	IC1	CD4017	
8	电阻	R7	10kΩ		19	集成块	IC2	NE555	
9	电阻	R8	10kΩ		20	集成块	IC3	NE555	
10	电阻	R9	470Ω		21	二极管	VD0～VD6	1N4148	
11	电阻	R10	10kΩ		22	扬声器	BL	0.5W	
12	电阻	R11	10kΩ		23	电源		6V	2032

3. 一起来分析

    该电路是在"自动循环流水灯"实验的基础上改进的，IC2以及外围元件构成无稳态电路，IC1以及外围电路构成计数，VD0 ～ VD6二极管主要是隔离信号，当计数器输出信号时，因为各个输出所接的电阻不同，导致加到IC3第5脚的电压不同，IC3以及外围元件也组成无稳态电路，3脚输出信号经过电容C4耦合至扬声器发声。

    IC1的Q7输出的信号加至复位端，用于复位。

    IC2决定弹奏的速度，IC1与IC3决定音调。可以改变IC1输出所接的电阻来改变音调。自己可以调整参数，改进音质。

4. 面包板制作展示

    如图2-4-11所示。

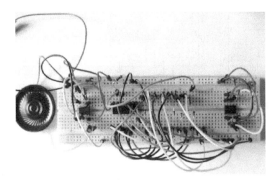

图2-4-11　"自动电子琴"面包板电路

5. 装配图

    见图2-4-12。

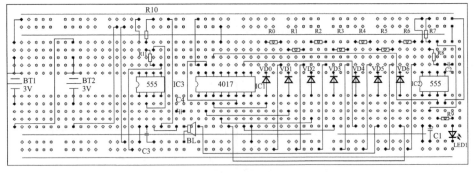

图2-4-12　装配图

五、简易调光台灯

由按键消抖电路以及计数电路组成。

1. 电路

如图2-4-13所示。

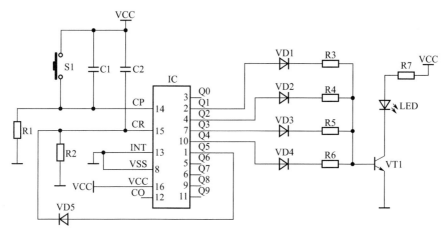

图2-4-13 "简易调光台灯"电路图

2. 元器件清单

序号	名称	标号	规格	备注
1	电阻	R1	10kΩ	
2	电阻	R2	10kΩ	
3	电阻	R3	1MΩ	
4	电阻	R4	470kΩ	
5	电阻	R5	100kΩ	
6	电阻	R6	47kΩ	
7	电阻	R7	100Ω	
8	电容	C1	104	
9	电容	C2	104	
10	二极管	VD1 ~ VD5	1N4148	
11	集成块	IC	4017	
12	发光二极管	LED	5mm	
13	三极管	VT1	8050	
14	微动开关	S1	两脚	
15	电池		6V	2032

3. 一起来分析

刚通电时，VCC经电容C2充电，瞬间高电平加至计数器复位脚，计数器复位，Q0输出为高电平，其他输出端为低电平，三极管VT1基极无电压而截止，LED熄灭。

当按压微动开关S1一次，Q1输出高电平，由于电阻R3的阻值很大，三极管基极获得电压很低，导通能力很弱，LED发光较暗。

当再按压一次，Q2输出高电平，由于电阻R4阻值较大，三极管导通能力增强，LED发光较亮。

原理类似，由于R3、R4、R5、R6阻值越来越小，三极管导通能力越强，LED越亮。

当第五次按压时，Q5输出的高电平加至计数器的复位端而复位。

实现了不断按压按键，LED"暗-较亮-亮-特亮-熄灭"的循环。

二极管VD1 ~ VD5主要起隔离作用。

4. 面包板制作展示

如图2-4-14所示。

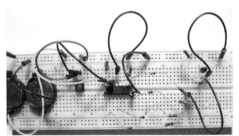

图2-4-14 "简易调光台灯"面包板制作展示

5. 装配图

见图2-4-15。

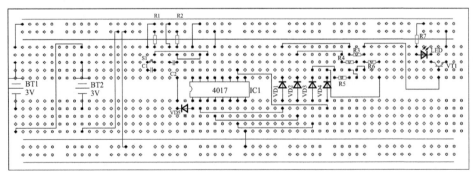

图2-4-15 装配图

第五节　译码器的使用

　　CD4511是七段码译码器，它有四个输入端（8421BCD码），输出可以直接驱动共阴极数码管。CD4511一般与ICL7137模数转换集成块配合使用，设计为显示仪表，用于显示电压、温度等。

　　CD4511外观如图2-5-1所示。

　　CD4511的图形符号见图2-5-2，用IC表示。

图2-5-1　译码块CD4511

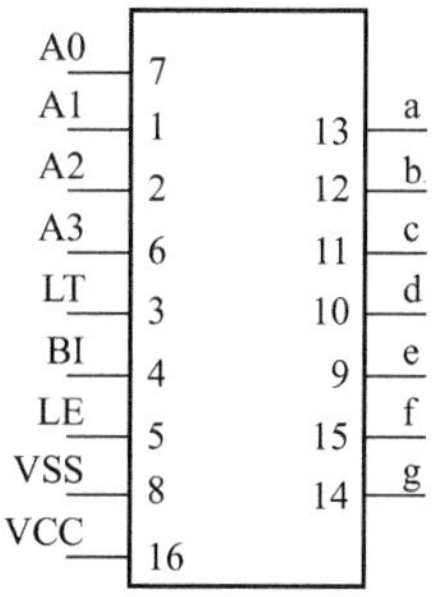

图2-5-2　CD4511图形符号

　　引脚功能见表2-5-1。

表2-5-1　译码块CD4511引脚功能

序号	标注	功能	序号	标注	功能
1	A1	输入端	9	e	段码
2	A2	输入端	10	d	段码
3	LT	测试输入端	11	c	段码
4	BI	消隐输入端	12	b	段码
5	LE	数据锁存端	13	a	段码
6	A3	输入端	14	g	段码
7	A0	输入端	15	f	段码
8	VSS	电源负极	16	VDD	电源正极

　　注：表中，LT灯是测试端，高电平时，数码管正常显示，低电平时，数码管显示"8"，主要是检查数码管的段码好坏；

　　LE是数据锁存控制端，高电平锁存数据，低电平时正常传输数据；

　　BI是输出消隐控制端，高电平时数码管正常显示，低电平时，数码管段码消隐。

CD4511真值表见表2-5-2。

表2-5-2　CD4511真值表

十进制	A3	A2	A1	A0	g	f	e	d	c	b	a
	BCD码（8421）				CD4511输出端						
	译码器CD4511										
0	0	0	0	0	0	1	1	1	1	1	1
1	0	0	0	1	0	0	0	0	1	1	0
2	0	0	1	0	1	0	1	1	0	1	1
3	0	0	1	1	1	0	0	1	1	1	1
4	0	1	0	0	1	1	0	0	1	1	0
5	0	1	0	1	1	1	0	1	1	0	1
6	0	1	1	0	1	1	1	1	1	0	0
7	0	1	1	1	0	0	0	0	1	1	1
8	1	0	0	0	1	1	1	1	1	1	1
9	1	0	0	1	1	1	0	0	1	1	1

注：BCD码与十进制的换算关系：例如，十进制9的BCD码为1001，8×1+4×0+2×0+1×1=8+0+0+1=9。

一、译码块CD4511初体验

利用译码功能显示数字。

1. 电路

如图2-5-3所示。

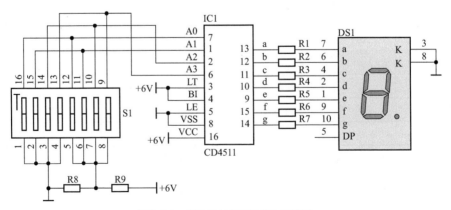

图2-5-3　"CD4511显示数字"电路图

2. 元器件清单

序号	名称	标号	规格	备注
1	电阻	R1～R7	470Ω	
2	电阻	R8	10kΩ	
3	电阻	R9	1kΩ	
4	拨码开关	S1	8位	
5	集成块	IC1	CD4511	
6	数码管	DS1	0.56共阴	一位
7	电源		6V	2032

3. 一起来分析

参照CD4511的真值表在数码管上显示0～9，通过拨码开关S1，控制CD4511输入端不同的高低电平，通过内部译码输出段码，经过电阻R1～R7限流后加到数码管段码，数码管公共极接负极。

比如显示数字"1"，参译码块真值表，得知"A0=1，A1=0，A2=0，A3=0"，将A0相对应的拨码开关拨到高电平，A1、A2、A3对应的拨码开关拨到低电平（也即是电源的负极）。BCD码（8421）的计算方式，显示数字"1"为例，$8 \times A3 + 4 \times A2 + 2 \times A1 + 1 \times A0 = 8 \times 0 + 4 \times 0 + 2 \times 0 + 1 \times 1 = 1$。

 儿子：按照真值表，通过拨码开关给CD4511输入不同的高低电平，能显示数字，但是显示"6"与"9"怎么怪怪的呢？

 父亲：显示有问题，不是电路有问题，而是CD4511设计之初，就是在显示"6"时，"a"段消隐（不显示），显示"9"时，"d"段消隐，没有办法改变。

 儿子：拨码开关给输入端加高电平时，为什么不直接加+6V，而是采用电阻R8与R9分压获取高电平？

 父亲：这样设计，主要是为了防止操作失误，如果不采用分压，拨码开关S1的5、6、7、8引脚直接接+6V，当你误将拨码开关的第1个开关与第5个开关同时闭合时，会发生什么现象呢？

 儿子：让我分析一下？会短路！

 父亲：没错，误操作有可能将电源短路，短路的危害前面已经讲过，通过分压电路，既保证能获得高电平，同时由于R9的存在，电源是不会发生直接短路现象的！还有一种方法，可以在BCD输入端接下拉电阻，平常该脚为低电平，需要高电平时，直接加电源Vcc。

4. **面包板制作展示**

如图2-5-4所示。

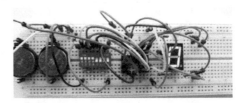

图2-5-4 "CD4511显示数字"面包板制作展示

二、自动循环显示数字

通过拨码开关控制电平高低，数码管显示数字比较复杂，有没有更简单的方法呢？打开记忆的阀门，有一个熟悉的集成块在我们眼前晃悠，它就是CD4026，它同时具备计数与译码功能，它的外观见图2-5-5。

CD4026的图形符号见图2-5-6，用IC表示。

图2-5-5 CD4026　　　　　　　**图2-5-6 CD4026图形符号**

引脚功能如表2-5-3。

表2-5-3 CD4026引脚功能

序号	标注	功能	序号	标注	功能
1	CP	脉冲输入端	9	d	段码
2	EN（INT）	闸门输入端	10	a	段码
3	DEI	显示输入控制端	11	e	段码
4	DEO	显示输出控制端	12	b	段码
5	CO	溢出端	13	c	段码
6	f	段码	14	"c"	数字"2"输出端
7	g	段码	15	CR（RST）	复位
8	VSS	电源负极	16	VDD	电源正极

注：表中，EN（INT）闸门信号输入端，低电平计数，高电平停止计数，但是数据保持；
CP脉冲信号输入端，在脉冲上沿时计数；
DEI显示输入控制端，高电平显示，低电平数据熄灭；
DEO显示控制输出端，数码管显示时输出高电平，数码管熄灭时输出低电平；
CR复位端，正常时接低电平，该引脚接高电平时计数清0。

1. 电路

如图2-5-7所示。

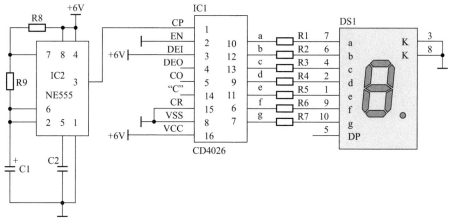

图 2-5-7 "CD4026自动显示数字"电路图

2. 元器件清单

序号	名称	标号	规格	备注
1	电阻	R1～R7	470Ω	
2	电阻	R8～R9	10kΩ	
3	集成块	IC1	CD4026	
4	集成块	IC2	NE555	
5	数码管	DS1	0.56共阴	一位
6	电容	C1	47μF	
7	电容	C2	103	独石电容
8	电源		6V	2032

3. 一起来分析

IC2（NE555）以及外围元件组成电路，输出频率为1Hz的方波信号，通过IC1（CD4026）内部计数与译码，约间隔1秒在数码管显示数字。电阻R1～R7用于段码限流。

4. 面包板制作展示

如图2-5-8所示。图中增加NE555输出LED指示，由于空间限制省略段码限流电阻，增加公共极限流电阻。

一起玩电子

电子制作入门、拓展全攻略

图2-5-8 "CD4026自动显示数字"面包板制作展示

5. 装配图

见图2-5-9。

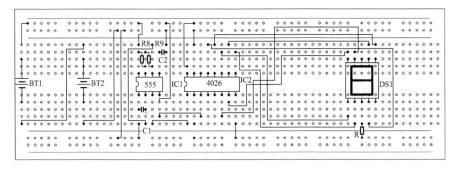

图2-5-9 装配图

！注意

装配图中，为了装配简化，没有给段码加限流电阻，而是在公共极加上一个470Ω的限流电阻。

第六节 制作迷你功放

音频信号功率放大电路，简称功放。几乎所有的音频设备都离不开功放电路，比如手机功放电路需要将接收到的微弱信号放大，以便能听清对方说什么。

一、分立元件制作功放

1. 电路

如图2-6-1所示。

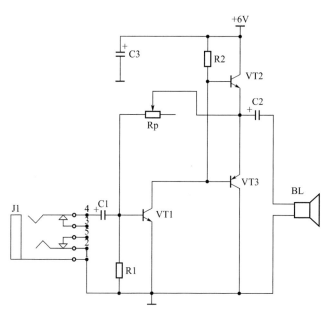

图2-6-1 "分立元件"功放电路图

2. 元器件清单

序号	名称	标号	规格	备注
1	电阻	R1	1kΩ	
2	电阻	R2	470Ω	
3	电阻	Rp	100kΩ	
4	电容	C1	47μF	
5	电容	C2	100μF	
6	电容	C3	220μF	
7	三极管	VT1	9014	
8	三极管	VT2	8050	
9	三极管	VT3	8550	
10	扬声器	BL	0.5W	
11	耳机插座	J1	立体声	
12	电源		6V	2032

耳机插孔外观见图2-6-2。

图2-6-2　耳机插孔

耳机插孔的图形符号如图2-6-3所示，用"J"表示。

还需要一条3.5mm插头的音频线，见图2-6-4，用于将手机或者电脑的音频信号引入到耳机插孔，便于音频信号放大。

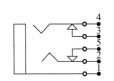

图2-6-3　耳机插孔图形符号

图2-6-4　音频线

3.　一起来分析

音频信号经过电容C1耦合，三极管VT1前级放大，调整Rp至VT2、VT3中点电压（电源电压的一半），当音频信号为负半周时，三极管VT1截止，VT2导通、VT3截止，电源电压正极经过VT2的集电极、发射极、电容C2、扬声器、电源负极，该时段为电容C1充电；当音频信号为正半周时，三极管VT1导通，VT3导通、VT2截止。C2放电回路：C2的正极，三极管VT3的发射极、集电极、电源负极、扬声器，C2的负极。这样在扬声器上就获得一个完整的音频波形。这是非常简单的迷你音频功放，但是美中不足的是，音质不是很好，如何解决这个问题呢？这个时候就该集成功放块出场了。

4.　面包板制作展示

如图2-6-5所示。

图2-6-5 "分立元件功放"面包板制作展示

 儿子：耳机插孔一共5个引脚，在面包板上组装只用了两个引脚，怎样区分呢？

 父亲：图2-6-2中的是立体声耳机插座，可以输出两个声道信号（左右声道），我们只需要一个声道的信号来完成制作，参看图2-6-6。

 儿子：爸爸这个电路太难了，而且我听你刚才给我演示，虽然已经放大了，可是声音还是比较小，手机里面也是这样的电路吗？

 父亲：先制作分立元件的功放，是为了初步明白它的工作原理，手机内不是这样的电路，它是采用集成电路放大信号。有一款小功放集成块，它的型号是LM386，电子制作人对它非常青睐，适合初学者DIY。

与负极连接

输出信号

图2-6-6 耳机接线示意图

图2-6-7 LM386

二、LM386迷你小·功放

LM386主要用在低电压的电子产品中，类似的还有TDA2822音频功放，外围电路简洁，制作方便，使用非常广泛。LM386的外观如图2-6-7所示。

LM386引脚功能见表2-6-1。

表2-6-1　LM386引脚功能

序号	标注	功能	序号	标注	功能
1	GAIN	增益端	5	Vout	输出
2	–INPUT	反向输入	6	VCC	正极
3	+INPUT	正向输入	7	旁路	BYPASS
4	VSS	负极	8	GAIN	增益端

注：表中，LM386的1、8脚为电压增益设定端，当1与8脚之间不接任何元件时，LM386的放大倍数为20；但是在1与8脚之间增加可调电阻与电容，可以调整放大倍数，最大为200（1与8脚之间直接接10μF）；LM386的7脚是旁路端，在使用中该脚接10μF电容。

1. 电路

如图2-6-8所示。

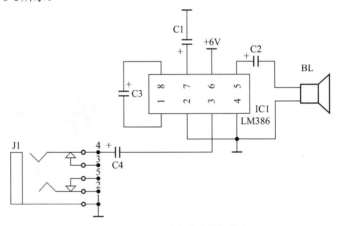

图2-6-8　"LM386迷你小功放"电路图

在电容C4与功放块3脚之间接一个可调电阻，可以控制音量的大小，早期的收音机等调整音量大小就是采用这种方法。

2. 元器件清单

序号	名称	标号	规格	备注	序号	名称	标号	规格	备注
1	电容	C1	10μF		5	集成块	IC1	LM386	
2	电容	C2	10μF		6	扬声器	BL	0.5W	
3	电容	C3	10μF	接上放大200倍	7	耳机插座	J1	立体声	
4	电容	C4	10μF		8	电源		6V	2032

父亲：当你欣赏迷你功放播放优美的音乐时，是不是很想增加"灯光"的渲染，享受视觉盛宴。

儿子：增加发光二极管吗？

父亲：是的，要想有更好的视觉效果，还需要一款专用的电平指示集成电路。

三、带电平指示的迷你功放

专用电平指示的集成块型号是KA2284，随着声音的变化。LED的变化很有规律，声音越大，所接LED亮的数量越多，反之，亮的就越少。KA2284的外观见图2-6-9。

引脚功能见表2-6-2。

图2-6-9　KA2284外观

表2-6-2　KA2284引脚功能

序号	标注	功能	序号	标注	功能
1	OUT1	-10dB输出	6	OUT5	6dB输出
2	OUT2	-5dB输出	7	OUT	输出
3	OUT3	0dB输出	8	IN	输入
4	OUT4	3dB输出	9	VCC	正极
5	VSS	负极			

注："dB"是表示声音大小的一个物理量，名字叫"分贝"。

1. 电路

如图2-6-10所示。

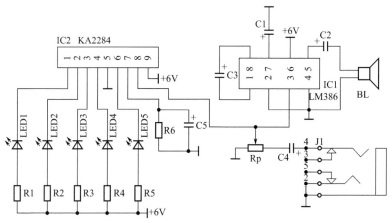

图2-6-10　"迷你电平指示功放"电路图

2. 元器件清单

序号	名称	标号	规格	备注
1	电容	C1	10μF	
2	电容	C2	10μF	
3	电容	C3	10μF	接上放大200倍
4	电容	C4	10μF	
5	电容	C5	10μF	
6	电阻	R1～R5	470Ω	
7	电阻	R6	10kΩ	
8	可调电阻	RP	100kΩ	
9	发光二极管	LED1～LED5	5mm	
10	集成块	IC1	LM386	
11	集成块	IC2	KA2284	
12	扬声器	BL	0.5W	
13	耳机插座	J1	立体声	
14	电源		6V	2032

3. 一起来分析

可调电阻RP对输入的音频信号分压后，分为两路，其一作为LM386放大音频信号，其二指示音频信号的旋律。

4. 面包板电路

如图2-6-11所示。

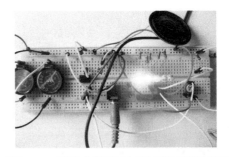

图2-6-11 "迷你电平指示功放"面包板制作展示

5. 装配图

见图2-6-12。

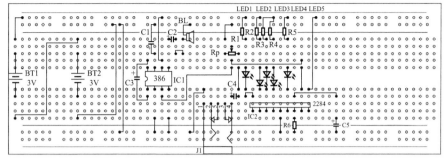

图2-6-12　装配图

第七节　触发器CD4013的使用

CD4013内部包含两个相同且相互独立的触发器，每个触发器都有数据、置位、复位、时钟输入，输出与反相输出。

CD4013的外观见图2-7-1。

CD4013内部触发器图形符号见图2-7-2。

图2-7-1　CD4013

图2-7-2　触发器符号

CD4013引脚功能如表2-7-1。

表2-7-1　CD4013引脚功能

序号	标注	功能	序号	标注	功能
1	1Q	输出	8	2SD	置位
2	$\overline{1Q}$	反相输出	9	2D	数据
3	1CP	脉冲输入	10	2RD	复位
4	1RD	复位	11	2CP	脉冲输入
5	1D	数据	12	$\overline{2Q}$	反相输出
6	1SD	置位	13	2Q	输出
7	VSS	负极	14	VCC	正极

4013真值表如表2-7-2所示。

表2-7-2　CD4013真值表

RD	SD	Q
1	1	X
1	0	0
0	1	1
0	0	D

注：只有RD与SD同时为低电平时，数据D的电平才能通过Q输出。

一、触摸延时LED

1. 电路

如图2-7-3所示。

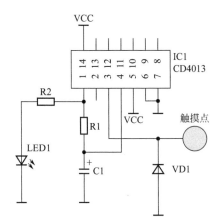

图2-7-3　"触摸延时LED"电路图

2. 元器件清单

序号	名称	标号	规格	备注
1	电阻	R1	1MΩ	
2	电阻	R2	470Ω	
3	二极管	VD1	1N4148	或1N4007
4	电容	C1	10μF	
5	发光二极管	LED1	5mm	
6	集成块	IC1	CD4013	
7	电源		6V	2032

3. 一起来分析

CD4013内部触发器1接成单稳态，当用手触摸一下CD4013第3脚，人体感应的杂波信号进入1CP，电路进入暂时稳定状态，1Q输出高电平，该高电平通过R1向电容C1充电，4脚电压上升至复位电压，触发器1恢复到当初状态，每触摸一次，单稳态都输出一个高电平，LED点亮一段时间，点亮时间的长短与电容C1的容量有关。

二极管VD1的作用是给过高的反电压以及积累的电荷提供放电回路。

4. 面包板制作展示

电路如图2-7-4所示。

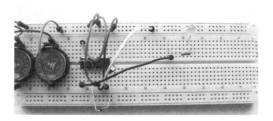

图2-7-4 "触摸延时LED"面包板制作展示

触摸二极管VD1（1N4148）的负极引线即可完成触摸。

二、触摸开关

1. 电路

如图2-7-5所示。

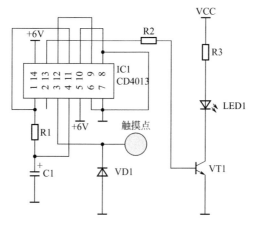

图2-7-5 "触摸开关LED"电路图

2. 元器件清单

序号	名称	标号	规格	备注
1	电阻	R1	1MΩ	
2	电阻	R2	10kΩ	
3	电阻	R3	470Ω	
4	电容	C1	10μF	
5	二极管	VD1	1N4148	或1N4007
6	三极管	VT1	8050	
7	发光二极管	LED1	5mm	
8	集成块	IC1	CD4013	
9	电源		6V	2032

3. 一起来分析

　　两个触发器分别接为单稳态与双稳态，触发器1接成单稳态，每触摸一次，1Q输出一个高电平，该高电平加至2CP，由于触发器2接成双稳态，2CP每接收到一个高电平，2Q输出电平都会翻转，当2Q输出高电平时，VT1导通，LED点亮；2Q输出低电平时，VT1截止，LED熄灭。

儿子：图2-7-5电路图画法，我有点看不懂，能不能简单直观一些？

父亲：那我们可以用触发器的图形符号来绘制，就可以一目了然。

儿子：有时候感应不是很灵敏？是电路问题吗？

父亲：触摸开关原理是依靠人体感应电来完成，与周围环境的湿度有关，湿度高，感应灵敏度就下降。

触摸开关的另一种画法见图2-7-6。

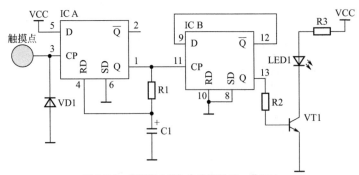

图2-7-6　"触摸开关"电路图的另一种画法

注意

　　这种画法，没有画电源引脚，在制作中请注意，一般来讲，在所有实验中，数字电路未用到的触发器以及门电路，最好将其输入端接到VCC或GVD，以免引起干扰。

4. 面包板电路制作展示

　　如图2-7-7所示。

图2-7-7　"触摸开关"面包板制作展示

　　同样触摸二极管VD1（1N4148）的负极引线即可完成触摸。

5. 装配图

　　见图2-7-8。

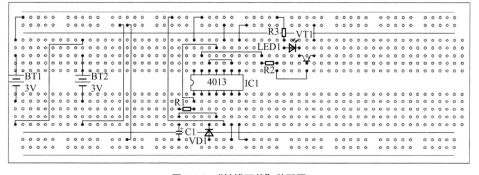

图2-7-8　"触摸开关"装配图

三、CD4013遥控开关

1. 电路

　　如图2-7-9所示。

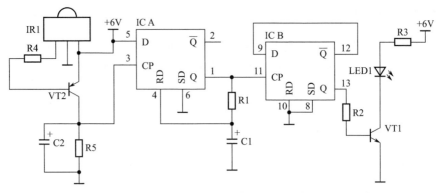

图2-7-9 "CD4013遥控开关"电路图

2. 元器件清单

序号	名称	标号	规格	备注
1	电阻	R1	1MΩ	
2	电阻	R2	10kΩ	
3	电阻	R3	470Ω	
4	电阻	R4	10kΩ	
5	电阻	R5	10kΩ	
6	电容	C1-C2	10μF	
7	三极管	VT1	8050	
8	三极管	VT2	8550	
9	一体化接收头	IR1		
10	发光二极管	LED1	5mm	
11	集成块	IC1	CD4013	
12	电源		6V	2032

3. 一起来分析

　　一体化遥控接收头以及外围元件组成脉冲触发电路，代替手指触摸电路，操作遥控器任意按键能打开与关闭LED1。一体化接收头供电直接用6V供电，经过实践是没有问题的。

4. 面包板制作展示

　　电路如图2-7-10所示。

图2-7-10 "CD4013遥控开关"面包板制作展示

第八节 反相器CD4069的使用

反相器（又称非门），输入高电平，输出低电平；输入低电平，输出高电平。
CD4069外观见图2-8-1。

反相器（非门）的图形符号见图2-8-2。

图2-8-1 CD4069

图2-8-2 非门图形符号

CD4069引脚排列见图2-8-3。

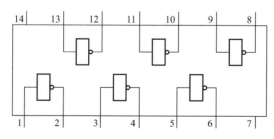

图2-8-3 CD4069引脚排列图

从图2-8-3中可以看出，CD4069内部一共有6个反相器，每个功能都相同。为了方便介绍，我们将1脚与2脚内部的反相器命名为IC A，3脚与4脚内部的反相器命名为IC B，5脚与6脚内部的反相器命名为IC C，8脚与9脚内部的反相器命名为IC D，10脚与11脚内部的反相器命名为IC E，12脚与13脚内部的反相器命名为IC F。

　　CD4069引脚功能见表2-8-1。表中输入用A表示，输出用Y表示。

表2-8-1　CD4069引脚功能

序号	标注	功能	序号	标注	功能
1	A1	输入	8	Y4	输出
2	Y1	输出	9	A4	输入
3	A2	输入	10	Y5	输出
4	Y2	输出	11	A5	输入
5	A3	输入	12	Y6	输出
6	Y3	输出	13	A6	输入
7	VSS	电源负极	14	VDD	电源正极

　　CD4069真值表如表2-8-2。

表2-8-2　CD4069真值表

输入端（A）	输出端（Y）
1	0
0	1

一、CD4069多谐振荡之一

1. 电路

　　如图2-8-4所示。

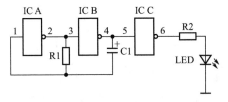

图2-8-4　"CD4069多谐振荡之一"电路图

 注意

　　此图未画CD4069的供电引脚，在制作时需要注意，在本书中类似的电路图，都没画供电引脚。

2. 元器件清单

序号	名称	标号	规格	备注	序号	名称	标号	规格	备注
1	电阻	R1	1MΩ		4	发光二极管	LED	5mm	
2	电阻	R2	470Ω		5	集成块	IC	CD4069	
3	电容	C1	1μF		6	电源		6V	2032

3. 一起来分析

CD4069以及外围阻容元件构成多谐振荡电路，LED不停地闪烁。NE555以及外围元件也可以构成多谐振荡电路。

4. 面包板电路制作展示

如图2-8-5所示。

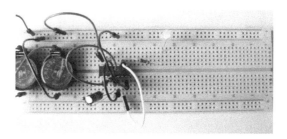

图2-8-5 "CD多谐振荡之一"面包板制作展示

二、CD4069多谐振荡之二

1. 电路

如图2-8-6所示。

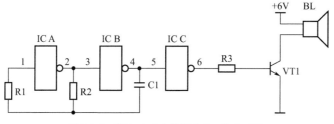

图2-8-6 "CD4069多谐振荡之二"电路图

2. 元器件清单

序号	名称	标号	规格	备注
1	电阻	R1	1MΩ	
2	电阻	R2	47kΩ	
3	电阻	R3	10kΩ	
4	电容	C1	103	独石电容
5	扬声器	BL	0.5W	
6	三极管	VT1	8050	
7	集成块	IC	CD4069	
8	电源		6V	2032

3. 一起来分析

与图2-8-4中振荡电路不同的地方是增加一个电阻。三极管VT放大后驱动扬声器。R1主要有两个作用，其一是输入保护电阻，限制过高的电压加至输入端，其二是为了多谐振荡电路稳定工作。

4. 面包板制作展示

如图2-8-7所示。

图2-8-7　面包板制作展示

儿子：是不是可以在图2-8-6中的R1两边并联一个微动开关，通过按压与释放开关改变输出频率？

父亲：想法不错，这种方法可以模拟两种声音效果，一起动手在面包板上试验吧。电路见图2-8-8。

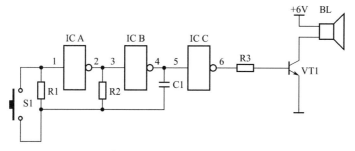

图 2-8-8 "手动改变输出频率"电路图

面包板制作见图 2-8-9。

图 2-8-9 "手动改变输出频率"面包板制作展示

三、CD4069声光控延时LED

如图2-8-10所示。

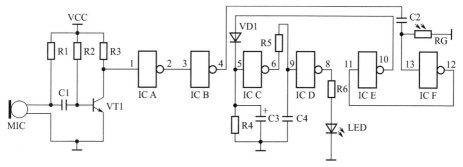

图2-8-10 "CD4069声光控延时LED"电路图

2. 元器件清单

序号	名称	标号	规格	备注	序号	名称	标号	规格	备注
1	电阻	R1	4.7kΩ		10	电容	C2	104	
2	电阻	R2	1MΩ		11	电容	C3	10μF	
3	电阻	R3	10kΩ		12	电容	C4	103	独石电容
4	电阻	R4	1MΩ		13	驻极体话筒	MIC		
5	电阻	R5	100Ω		14	发光二极管	LED	5mm	
6	电阻	R6	470Ω		15	二极管	VD1	1N4148	
7	三极管	VT1	9014		16	集成块	IC	4069	
8	光敏电阻	RG			17	电源		6V	2032
9	电容	C1	104						

3. 一起来分析

当光线亮时，光敏电阻阻值很小，非门IC F的输入端13脚为低电平，12脚高电平，11脚高电平，10脚低电平，8脚输出低电平，发光二极管LED不会发光。当光线暗时，光敏电阻阻值升高，由于它一端接地，13脚仍为低电平，当有声音信号时，在负半周，三极管VT1截止，非门IC A的1脚为高电平，输出端2脚低电平，输入端3脚低电平，输出端4脚高电平，该电平信号经过电容C2耦合至输入端13脚，输出端12脚低电平，输入端11脚低电平，输出端10脚高电平，该高电平通过二极管VD1给电解电容C3充电，输出端6脚为低电平，输入端9脚低电平，输出端8脚高电平，发光二极管LED点亮，随着灯亮时间的延长，电容C3上的电荷经R4缓慢放电，当输入端5脚变为低电平时，输出端6脚输出高电平，在内部反相器的作用下，输出端8脚输出低电平，发光二极管LED熄灭，这就是一次声光控延时LED的全过程。

4. 面包板电路

电路如图2-8-11所示。

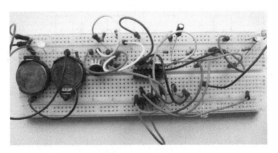

图2-8-11 "CD4069声光控延时LED"面包板制作展示

5. 装配图

见图2-8-12。

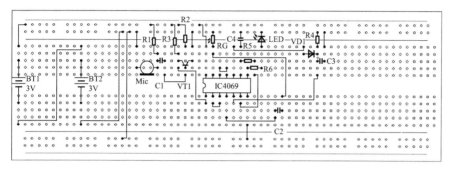

图 2-8-12　装配图

四、爆闪LED

模拟警车灯光，快速爆闪。

1. 电路

如图2-8-13所示。

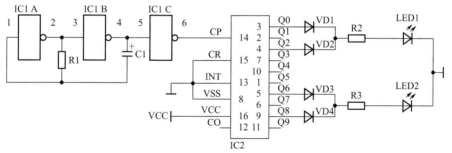

图 2-8-13　"爆闪LED"电路图

2. 元器件清单

序号	名称	标号	规格	备注	序号	名称	标号	规格	备注
1	电阻	R1	47kΩ		6	集成块	IC2	4017	
2	电阻	R2	470Ω		7	二极管	VD1～VD4	1N4148	
3	电阻	R3	470Ω		8	发光二极管	LED1～LED2	5mm	
4	电容	C1	1μF		9	电池		6V	
5	集成块	IC1	4069						

3. 一起来分析

　　反相器CD4069以及外围阻容元件构成振荡电路，为计数器CD4017提供脉冲信号，将看到LED1闪烁两次，稍加停顿，LED2再闪烁两次，依次循环。当然在这个制作中也可以用NE555无稳态电路为计数器提供脉冲信号，有兴趣的可以亲自试验。

　　二极管VD1 ～ VD4主要起隔离作用。

　　改变电阻R1的阻值，或者电容C1的容量都可以改变爆闪频率。

4. 面包板电路

　　面包板电路如图2-8-14所示。

图2-8-14　"爆闪LED"面包板展示

5. 装配图

　　见图2-8-15。

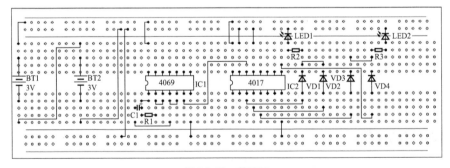

图2-8-15　装配图

五、变色LED

1. 电路图

　　如图2-8-16所示。

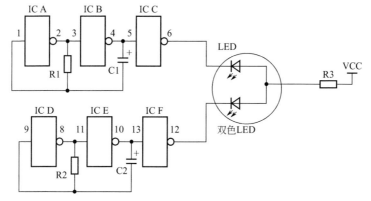

图2-8-16 "变色LED"电路图

序号	名称	标号	规格	备注	序号	名称	标号	规格	备注
1	电阻	R1	100kΩ		5	电容	C2	10μF	
2	电阻	R2	100kΩ		6	集成块	IC	4069	
3	电阻	R3	470Ω		7	双色二极管	LED		
4	电容	C1	1μF		8	电源		6V	

3. 一起来分析

CD4069内部一共有6个反相器，每三个反相器以及外围元件组成振荡电路，但是电容的容量不同，两组振荡频率不一样，可以改变电阻以及电容的容量来实现振荡频率。

两种不同频率的信号共同作用于共阳双色LED的负极，它的阳极经过限流电阻R3接到电源的正极。

4. 面包板电路展示

如图2-8-17所示。

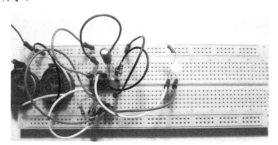

图2-8-17 "变色LED"面包板电路展示

六、光控闪烁LED

1. 电路

如图2-8-18所示。

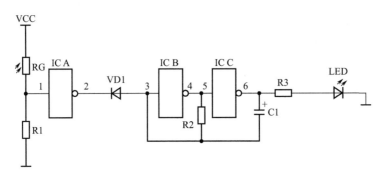

图2-8-18 "光控闪烁LED"电路图

2. 元器件清单

序号	名称	标号	规格	备注
1	电阻	R1	100kΩ	
2	电阻	R2	1MΩ	
3	电阻	R3	470Ω	
4	电容	C1	1μF	
5	光敏电阻	RG		
6	集成块	IC	4069	
7	发光二极管	LED	5mm	
8	二极管	VD1	1N4148	
9	电源		6V	

3. 一起来分析

电路由两部分组成，其一是光控检测电路，其二是振荡电路。白天，光敏电阻RG受光照影响而电阻变小，IC A输入端为高电平，经反向后输出低电平，二极管VD1导通，IC B、IC C以及外围阻容元件组成的振荡电路停止工作，LED也就不闪烁。夜晚时，光敏电阻RG电阻变大，IC A输入端为低电平，经反向后输出高电平，二极管VD1截止，振荡器开始工作，LED开始闪烁。

4. 面包板电路制作展示

如图2-8-19所示。

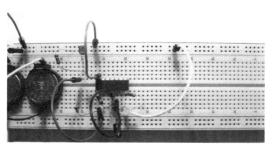

图2-8-19 "光控闪烁LED"面包板制作展示

第九节 与非门CD4011的使用

与非门有两个功能，先运行"与"的功能再运行"非"的功能。

CD4011内部有4个与非门，功能完全相同，CD4011的外观如图2-9-1所示。"与非门"图形符号见图2-9-2。

图2-9-1 CD4011

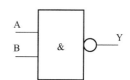

图2-9-2 "与非门"图形符号

引脚功能见表2-9-1（输入用A、B表示，输出用Y表示）。

表2-9-1 CD4011引脚功能

序号	标注	功能	序号	标注	功能
1	A1	输入	8	A3	输入
2	B1	输入	9	B3	输入
3	Y1	输出	10	Y3	输出
4	Y2	输出	11	Y4	输出
5	A2	输入	12	A4	输入
6	B2	输入	13	B4	输入
7	VSS	电源负极	14	VDD	电源正极

真值表见表2-9-2。

表2-9-2　CD4011真值表

输入端（A）	输入端（B）	输出端（Y）
0	0	1
1	0	1
0	1	1
1	1	0

> 牢记：输入有"0"出"1"，全"1"出"0"。
> "0"代表低电平，"1"代表高电平。

一、防盗报警器

1. 电路

如图2-9-3所示。

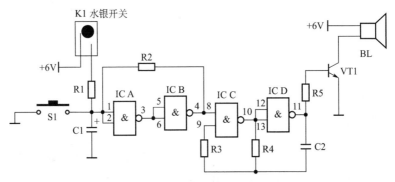

图2-9-3　"防盗报警器"电路图

儿子：电路图中有一个新的图形符号，注明是水银开关，它有什么特别之处吗？

父亲：它的工作原理是非常简单的，利用水银流动触碰内部两个电极，电路导通。与其他开关没有什么太大的区别，只是在使用中要防止玻璃壳破碎，如水银流出，请及时处理，水银对人体有害。下面详细讲解水银开关基础知识。

水银开关是在玻璃管内装入规定数量的水银，再引出电极密封而成的，主要用在报警器等电路中。它的外观见图2-9-4。

图形符号见图2-9-5，用K表示。

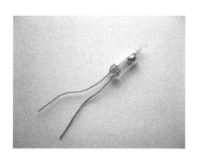

图2-9-4 水银开关

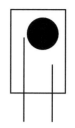

图2-9-5 水银开关图形符号

2. 元器件清单

序号	名称	标号	规格	备注
1	微动开关	S1	两脚	
2	电阻	R1	47kΩ	
3	电阻	R2，R3	1MΩ	
4	电阻	R4	47kΩ	
5	电阻	R5	1kΩ	
6	电容	C1	1μF	
7	电容	C2	103	独石电容
8	三极管	VT1	8050	
9	水银开关	K1		
10	集成块	IC	CD4011	
11	扬声器	BL	0.5W	
12	电源		6V	2032电池

3. 一起来分析

参看CD4011的真值表，如两个输入端全部是高电平，则输出低电平；反之，则输出高电平。这种接法，与非门就变成了仅有非门的功能，图中IC A、IC B、IC D都是这种接法，实现的是非门的功能。当水银开关K1晃动时，由于水银珠会触碰它内部的两个电极，集成块IC A的输入端瞬间获得一个高电平，3脚低电平，4脚高电平，该高电平分为两个支路，其一返回到IC A的输入端，即使触发端高电平消失，返回的高电平也能继续维持，形成"自锁"功能，4脚的高电平还输入到IC C的8脚，IC C与IC D两个与非门与外围元件构成振荡电路，11脚输出信号经过三极管VT1放大后驱动扬声器发声。

当按一下微动开关S1（解除报警），IC A的输入端变为低电平，经过电平转换，以及"自锁"，4脚输出低电平，10脚电压不会随着9脚电压而变化，振荡电路停止工作，扬声器不能发音。

电阻R1与C1主要是延时电路，防止误触发。

4. 面包板制作展示

如图2-9-6所示。

图2-9-6 "CD4011防盗报警器"面包板展示

5. 装配图

如图2-9-7所示。

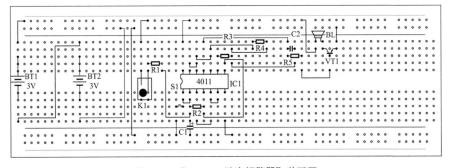

图2-9-7 "CD4011防盗报警器"装配图

二、声光控延时LED

1. 电路

如图2-9-8所示。

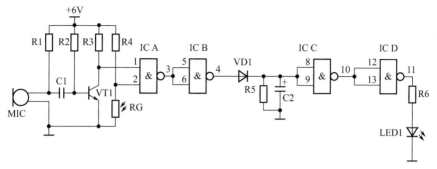

图2-9-8 声光控延时LED

2. 元器件清单

序号	名称	标号	规格	备注
1	电阻	R1	4.7kΩ	
2	电阻	R2	1MΩ	
3	电阻	R3	10kΩ	
4	电阻	R4	47kΩ	
5	电阻	R5	1MΩ	
6	电阻	R6	470Ω	
7	三极管	VT1	9014	
8	光敏电阻	RG	5537	
9	电容	C1	104	
10	电容	C2	10μF	
11	驻极体话筒	MIC		
12	发光二极管	LED1	5mm	
13	二极管	VD1	1N4148	
14	集成块	IC	4011	
15	电源		6V	2032

3. 一起来分析

当光线亮时，光敏电阻阻值很小，二输入与非门（CD4011）IC A 的输入端2脚为低电平，这时候不管输入端1脚是高电平还是低电平，输出端3脚都输出高电平，声音控制无效，3脚输出的高电平经过IC B、IC C、IC D 缓冲反向处理后，输出端11脚为低电平，发光二极管LED1不会发光。当光线暗时，光敏电阻阻值升高，输入端2脚变为高电平，IC A 的输出端的状态受输入端1脚电平控制。无声音信号时，三极管 VT1 工作在饱和状态，VT1集电极输出低电平，IC A 的输出端3

脚输出高电平，LED1不会发光。当有声音信号时，在音频信号为负半周时，三极管VT1截止，IC A的输入端1脚为高电平，输出端3脚输出低电平，经过IC B处理后，输出端4脚为高电平，该高电平通过二极管VD1给电解电容C2充电，同时该高电平还经过IC C与IC D反向后，输出端11脚为高电平，发光二极管LED1发光，声音消失后，IC的1脚又变为低电平，输出端4脚为低电平，但是由于二极管VD1隔离，电容C2通过R5放电，继续维持IC C输入端的高电平，IC D输出端会延时一段时间的高电平，LED1亮一段时间，随着时间的延长，电解电容C2电荷放电完毕，IC C的输入端变为低电平，IC D输出低电平，LED熄灭，这就是一次声光控延时LED的全过程。

可以将R4换为可调电阻，调整光控起点，光线暗到什么程度，光控起作用。

4. 面包板制作展示

如图2-9-9所示。

图2-9-9 "CD4011声光控延时LED"面包板展示

5. 装配图

见图2-9-10。

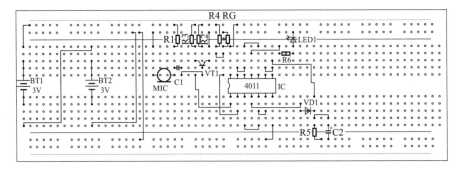

图2-9-10 "CD4011声光控延时LED"装配图

三、视力保护仪

利用CD4011设计一款视力保护仪，在光线昏暗时会声光提示，这时候请停止做作业或者及时打开照明。

1. 电路图

如图2-9-11所示。

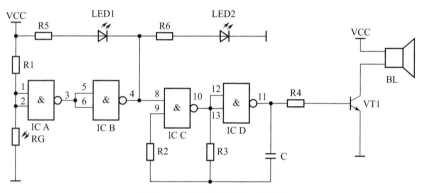

图2-9-11　"视力保护仪"电路图

2. 元器件清单

序号	名称	标号	规格	备注
1	电阻	R1	100kΩ	
2	光敏电阻	RG	5528	
3	电阻	R2	1MΩ	
4	电阻	R3	47kΩ	
5	电阻	R4	10kΩ	
6	电阻	R5	470Ω	
7	电阻	R6	470Ω	
8	电容	C	103	
9	三极管	VT1	8050	
10	扬声器	BL	0.5W	
11	集成块	IC	4069	
12	发光二极管	LED1	5mm	
13	发光二极管	LED2	5mm	
14	电源		6V	2032

3. 一起来分析

当光线较强时，光敏电阻RG呈现低电阻，IC A输入端1脚与2脚都是低电平，3脚输出高电平，IC A与IC B都接为反相器（非门）形式，经过IC B反向后，4脚输出低电平，LED1点亮，同时8脚也为低电平，IC C与IC D组成的振荡电路被锁住，而无法工作。

当光线较暗，1脚与2脚输入端电压升高而变为高电平，经IC A与IC B两级反向后，4脚输出高电平，LED2点亮，与此同时，8脚由低电平变为高电平，振荡电路开始工作，扬声器发声，做到光线暗声光提示。

可以将R1换为可调电阻，改变光控起点。

4. 面包板制作展示

见图2-9-12。

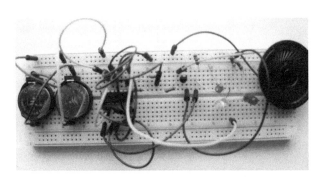

图2-9-12 "视力保护仪"面包板展示

5. 装配图

见图2-9-13。

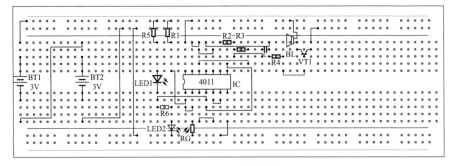

图2-9-13 "视力保护仪"装配图

第十节 比较器LM393的使用

比较器是将一个模拟电压信号与一个基准电压相比较的电路。比较器的两路输入为模拟信号，输出为高低电平信号。

常见的比较器是LM393，内部有两个完全相同的精密电压比较器。它的外观如图2-10-1所示。

比较器的图形符号如图2-10-2所示。

比较器一共有三个引脚，包括反向输入端（-）正向输入端（+）输出端。当正向输入端电压高于反

图2-10-1 LM393

向输入端时，输出高电平；当反向输入端电压大于正向输入端时，输出低电平。LM393引脚排列如图2-10-3所示。

图2-10-2 比较器图形符号

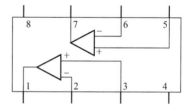

图2-10-3 LM393引脚排列

LM393引脚功能如表2-10-1所示。

表2-10-1 LM393引脚功能

序号	标注	功能	序号	标注	功能
1	OUT1	比较器1输出	5	IN2+	比较器2正向输入
2	IN1-	比较器1反向输入	6	IN2-	比较器2反向输入
3	IN1+	比较器1正向输入	7	OUT2	比较器2输出
4	VSS	负极	8	VCC	正极

 注意

比较器在使用时输出端需要接上拉电阻R，电阻R一般取值4.7 ~ 10kΩ，如图2-10-4所示。

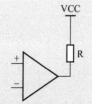

图2-10-4 比较器输出端接上拉电阻

这里还要给大家介绍一款比较重要的控制元件，它就是电磁继电器。电磁继电器简称继电器，属于控制元件，"以弱控强"是它的特性，继电器线圈供电有交流与直流之分，本书制作采用直流5V继电器。继电器外观如图2-10-5所示。

图2-10-5　5V继电器

继电器图形符号见图2-10-6，用K表示。

继电器的内部结构示意图如图2-10-7所示。

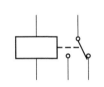

图2-10-6　继电器图形符号

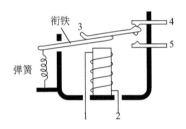

图2-10-7　继电器结构示意图

当线圈（即1脚与2脚）通电时，电磁铁产生电磁力，将衔铁吸住，引脚3与引脚4断开（常闭触头），引脚3与引脚5闭合（常开触头）；当线圈失电后，电磁力消失，在弹簧的作用下，恢复到初始状态，常开断开，常闭闭合。

为了便于大家理解，将在制作中用到的继电器引脚排列绘制如图2-10-8所示。

继电器驱动电路如图2-10-9所示，采用NPN三极管，也可以用PNP。

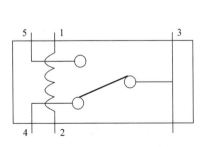

图2-10-8　继电器引脚排列图

（在图中有两个引脚公共端）

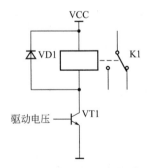

图2-10-9　继电器驱动电路图

　　驱动电路中，二极管VD1主要起保护三极管VT1的作用，当三极管VT1导通，继电器K1线圈电压是"上正下负"，二极管VD1承受反偏电压而截止，但是当三极管VT1截止时，继电器线圈瞬间产生一个"下正上负"的感应电压，该电压较高，有可能损坏三极管VT1，但是由于二极管VD1的存在，该感应电压通过VD1而泄放。

一、LM393温控报警

1. 电路

　　如图2-10-10所示。

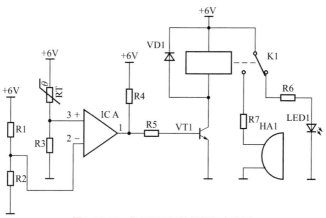

图2-10-10 "LM393温控报警"电路图

2. 元器件清单

序号	名称	标号	规格	备注
1	电阻	R1 ~ R4	10kΩ	
2	电阻	R5 ~ R6	470Ω	
3	电阻	R7	100Ω	
4	热敏电阻	RT		
5	发光二极管	LED1	5mm	颜色随机
6	蜂鸣器	HA1	5V（有源）	
7	三极管	VT1	8050	
8	继电器	K1	5V	
9	二极管	VD1	1N4007	
10	集成块	IC	LM393	
11	电源		6V	2032电池

3. 一起来分析

电源电压经过R1与R2分压后，加至IC A的2脚，电压为电源电压的一半，热敏电阻随温度变化而变化，当温度升高，它的阻值减小，IC A的3脚电压升高，当电压大于2脚电压，IC A的1脚输出高电平，三极管导通，继电器常开触头闭合，蜂鸣器发声，继电器常闭触头断开，LED1熄灭；当温度降低，IC A的3脚电压小于2脚电压，IC A的1脚输出低电平，三极管截止，继电器常闭触头闭合，LED1发光，常开触点断开，蜂鸣器停止工作。

可以将R3换为100kΩ的可调电阻，调整温度上升到一定时候控制继电器吸合。类似电路还可以用于光控等。

4. 面包板电路

如图2-10-11所示。

图2-10-11 "LM393温控报警"面包板制作展示

5. 装配图

见图2-10-12。

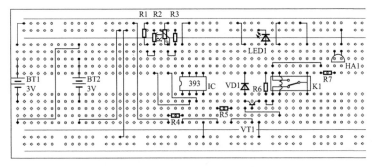

图2-10-12 "LM393温控报警"装配图

二、LM393电机过载指示

电机根据供电类型分为直流电机与交流电机。实验中采用直流电机，电压5V。电机的外观如图2-10-13所示。

电机的图形符号见图2-10-14，用M表示。

图2-10-13　电机

图2-10-14　电机图形符号

1. 电路

如图2-10-15所示。

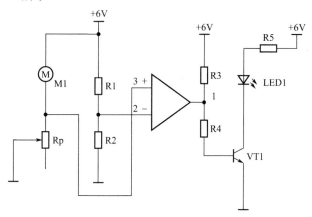

图2-10-15　"电机过载指示"电路图

2. 元器件清单

序号	名称	标号	规格	备注
1	电阻	R1 ～ R3	10kΩ	
2	电阻	R4 ～ R5	470Ω	
3	三极管	VT1	8050	
4	发光二极管	LED1		
5	可调电阻	Rp	202	2kΩ
6	电机	M1	5V	
7	集成块	IC	LM393	
8	电源		6V	2032电池

图中RP是精密可调电阻，外观如图2-10-16所示。

图2-10-16　精密可调电阻

3. 一起来分析

电动机正常工作时，LM393第3脚电压小于2脚电压，输出低电平，LED1熄灭；当电动机负载过重时，电流增加，在RP上的电压增加，当大于2脚的电压时，输出高电平，三极管VT1放大后驱动LED1点亮。

可以将此电路加以修改，把驱动LED改为驱动继电器，这样就可以实现过载时断开电机电源。

4. 面包板制作展示

如图2-10-17所示。

图2-10-17　"电机过载指示"面包板制作展示

第十一节　可控硅的使用

可控硅分单向可控硅和双向可控硅两种，都有三个电极。单向可控硅有阳极（A）阴极（K）控制极（G）。双向可控硅等效于两只单向可控硅反向并联而成，即其中一只单向可控硅阳极与另一只单向可控硅阴极相连，其引出端称为T2极，其中一只单向可控硅阴极与另一只单向可控硅阳极相连，其引出端称为T1极，剩下则为控制极（G）。

可控硅广泛应用于各种电子设备和电子产品中，多用来作可控整流、逆变、变频、调压等。大多数家用电器中都有它的身影。

本书在制作中采用单向可控硅的型号是MCR100-6，它的外观如图2-11-1所示，与前面介绍的三极管非常相似，在制作中应注意区别。

双向可控硅的型号是MAC97A6，它的外观如图2-11-2所示。

图2-11-1　MCR100-6

图2-11-2　MAC97A6

单向可控硅的图形的符号如图2-11-3，用VT（或Q）表示。

单向可控硅可以看成是PNP型与NPN型两个三极管组合而成，如图2-11-4所示。

图2-11-3　单向可控硅图形符号

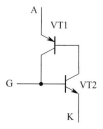

图2-11-4　单向可控硅等效图

如图2-11-4所示，当三极管VT2基极与发射极之间加入正向偏压时，VT2导通，由于VT2的集电极电流相当于三极管VT1基极的电流，VT1集电极电流又相当于VT2基极电流，VT2导通后导致VT1导通，两个三极管之间形成强烈的正反馈，最终VT1与VT2饱和导通，这时候即使VT2基极与发射极之间无偏压，也仍然处于导通状态。

双向可控硅的图形的符号见图2-11-5，用VT（或Q）表示。

图2-11-5 双向可控硅图形符号

一、可控硅的"一触即发"

1. 电路

如图2-11-6所示。

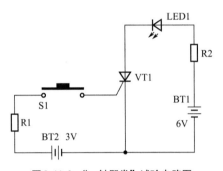

图2-11-6 "一触即发"试验电路图

2. 元器件清单

序号	名称	标号	规格	备注
1	电池	BT1	6V	4节7号电池
2	电池	BT2	3V	2032
3	电阻	R1	470Ω	
4	电阻	R2	470Ω	
5	发光二极管	LED1	5mm	
6	微动开关	S1	两脚	
7	单向可控硅	VT1	MCR100-6	

3. 一起来分析

当按压下微动开关S1，LED1点亮；当释放S1时，LED1依旧点亮，怎样熄灭LED1呢？

可以断开阳极电源或使阳极电流小于维持导通的最小值，还有一种方法是控制极对地短路。如果阳极和阴极之间外加的是交流电压或脉动直流电压，那么在电压过零时，可控硅会自行关断。

图2-11-6中，当LED1点亮后，可以断开6V电源，关闭LED1，自己尝试，控制极与地短路，是不是"异曲同工"呢？

4. 面包板制作展示

如图2-11-7所示。

图2-11-7 "一触即发"面包板制作展示

 儿子：爸爸，我还不知道你上面讲的这个单向可控硅MCR100-6的引脚如何区分呢？

 父亲：看图2-11-8是MCR100-6的引脚排列图。双向可控硅MAC97A6的引脚排列如图2-11-9。

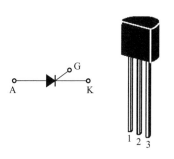

图2-11-8 MCR100-6引脚排列示意图
1—K；2—G；3—A

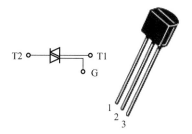

图2-11-9 MAC97A6引脚排列示意图
1—T1；2—G；3—T2

二、遥控开灯电路

1. 电路

如图2-11-10所示。

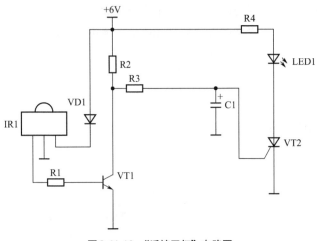

图2-11-10 "遥控开灯"电路图

2. 元器件清单

序号	名称	标号	规格	备注	序号	名称	标号	规格	备注
1	一体化接收头	IR1			7	三极管	VT1	8050	
2	电阻	R1	470Ω		8	单向可控硅	VT2	MCR100-6	
3	电阻	R2	1kΩ		9	发光二极管	LED1	5mm	
4	电阻	R3	47kΩ		10	二极管	VD1	1N4007	或者 1N4148
5	电阻	R4	470Ω		11	电源		6V	2032 电池
6	电容	C1	1μF						

3. 一起来分析

一体化接收头IR1未接收到信号时，三极管VT1导通，集电极低电平，单向可控硅VT2控制极G无电压，可控硅不能导通，LED1熄灭；当按压遥控器时（电视机、机顶盒遥控器等），IR1输出负极性信号，VT1截止，电源电压经过电阻R2、R3给C1充电，当充电电压到达VT2的控制电压时，VT2导通，LED1点亮。但是该电路无法实现遥控熄灭LED1，这是它的弊端。

二极管VD1作用是降压，将6V电压降到5.3V左右，接近IR1的额定电压。

4. 面包板制作展示

电路如图2-11-11所示。

图2-11-11 "遥控开灯"面包板制作展示

三、遥控开关灯电路

1. 电路

如图2-11-12所示。

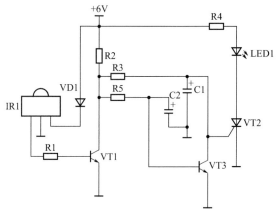

图2-11-12 "遥控开关灯"电路图

2. 元器件清单

序号	名称	标号	规格	备注	序号	名称	标号	规格	备注
1	一体化接收头	IR1			8	电容	C2	47µF	
2	电阻	R1	470Ω		9	发光二极管	LED1	5mm	
3	电阻	R2	1kΩ		10	二极管	VD1	1N4007	
4	电阻	R3	47kΩ		11	三极管	VT3	8050	
5	电阻	R4	470Ω		12	三极管	VT1	8050	
6	电阻	R5	10kΩ		13	单向可控硅	VT2	MCR100-6	
7	电容	C1	1µF		14	电源		6V	2032电池

3. 一起来分析

开灯过程：一体化接收头IR1未接收到信号时，三极管VT1导通，可控硅VT2处于截止状态，LED1熄灭。当快速按压遥控器（家中的电视机遥控器即可），一体化接收头输出的负极性信号经VT1处理后分为两路，一路经过电阻R3给C1充电，另一路经过电阻R5给C2充电，由于C2的容量大于C1，不能立刻使VT3导通，而C1的容量较小，瞬间充入的电压足以使可控硅VT2导通，LED1点亮。

关灯过程：当再次按压遥控超过3秒钟以上，C2充的电压不断升高，当VT3导通后，VT2截止，LED1熄灭。

4. 面包板制作展示

如图2-11-13所示。

图2-11-13 "遥控开关灯"面包板制作展示

四、触摸延时LED

（一）二极管桥堆的特殊应用

桥堆正负极连接在一起。

1. 电路

如图2-11-14所示。

2. 元器件详单

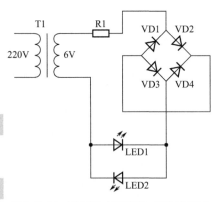

图2-11-14 "桥堆正负极连在一起"电路图

序号	名称	标号	规格	备注
1	交流适配器	T1	6V	
2	电阻	R1	470	
3	二极管	VD1 ～ VD4	1N4007	
4	发光二极管	LED1、LED2	5mm	

3. 一起来分析

当变压器次级感应电压上正下负时，正极经过R1、VD2、VD3、LED2到负极；当变压器次级感应电压下正上负时，正极经过LED1、VD4、VD1、R1到负极。LED1与LED2轮流点亮。

4. 面包板电路

电路如图2-11-15所示。

图2-11-15 "二极管桥堆的特殊应用"面包板制作展示

（二）触摸延时LED

1. 电路

如图2-11-16所示。

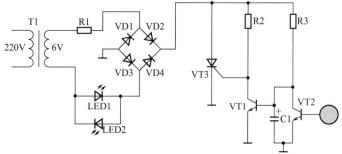

图2-11-16 触摸延时LED电路图

2. 元器件详单

序号	名称	标号	规格	备注
1	交流适配器	T1	6V	
2	电阻	R1	470Ω	
3	电阻	R2	100kΩ	
4	电阻	R3	470kΩ	
5	二极管	VD1 ~ VD4	1N4007	
6	发光二极管	LED1、LED2	5mm	
7	三极管	VT1、VT2	8050	
8	单向可控硅	VT3	MCR100-6	
9	电容	C1	10μF	

3. 一起来分析

整流桥、发光二极管LED1、LED2，单向可控硅等构成主电路，三极管VT1、VT2等构成控制电路。

静态时，三极管VT2基极无人体触摸的电流信号，VT2截止，整流输出的直流电压经过电阻R3加到VT1的基极，VT1导通，可控硅控制极无电压而截止。当用手触摸三极管VT2的基极时，人体感应电压信号加到VT2的基极，其正半周使VT2导通，C1上充的电压很快经过VT2的集电极至发射极而泄放，VT1基极电压变低而截止，VT1集电极变为高电平，可控硅VT3导通，发光二极管点亮。

当手离开后，VT2的基极无电压而截止，直流电压经过R3给C1充电，当电压达到0.6V时，VT1导通，可控硅VT3截止。

4. 面包板制作展示

电路如图2-11-17所示。

图2-11-17 "触摸延时LED"面包板制作展示

儿子：单向可控硅不是"一触即发"吗，既然触摸后可控硅导通，为什么又截止呢？

 父亲：你仔细看一下，在电路中我们没有设计滤波电路，还记得前面介绍"倒扣碗"的波形吗？它是脉动直流电，在"过零"的瞬间，单向可控硅就截止了，但是由于C1的存在，VT3截止后又导通，随着时间的延长，VT1导通后，VT3就彻底截止了。

五、双向可控硅触摸开关

1. 电路

如图2-11-18所示。

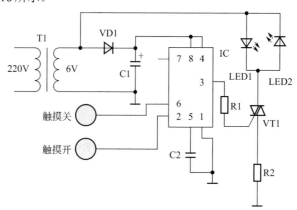

图2-11-18 "双向可控硅触摸开关"电路图

2. 元器件清单

序号	名称	标号	规格	备注
1	交流适配器	T1	6V	
2	电阻	R1	470Ω	
3	电阻	R2	470Ω	
4	电容	C1	100μF	
5	电容	C2	103	独石电容
6	二极管	VD1	1N4007	
7	发光二极管	LED1、LED2	5mm	
8	集成块	IC	NE555	
9	双向可控硅	VT1	MAC97A6	

3. 一起来分析

用手触摸开的导线（或者金属片，即NE555的第2引脚），由于人体感应的杂波信号，2脚被触发，NE555的3脚输出高电平，输出信号经过电阻R1加到双向可控硅VT1的控制极，VT1导通，LED1与LED2点亮。

当用手触摸关的导线（或者金属片，即NE555的第6引脚），由于人体感应的杂波信号，6脚被触发，NE555的3脚输出低电平，VT1失去触发电流而截止，LED1与LED2熄灭。

二极管VD1整流，电容C1滤波，提供直流电源。

4. 面包板制作展示

电路如图2-11-19所示。

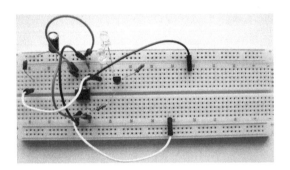

图2-11-19 "双向可控硅触摸开关"面包板制作展示

六、单向可控硅调光台灯

1. 电路

如图2-11-20所示。

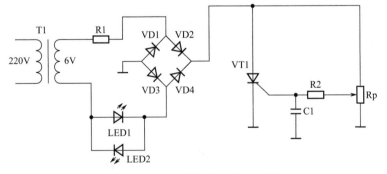

图2-11-20 "单向可控硅调光台灯"电路图

2. 元器件清单

序号	名称	标号	规格	备注
1	交流适配器	T1	6V	
2	电阻	R1	470Ω	
3	电阻	R2	10kΩ	
4	电容	C1	105	独石电容
5	二极管	D1	1N4007	
6	发光二极管	LED1、LED2	5mm	
7	电位器	Rp	100kΩ	
8	单向可控硅	VT1	MCR100-6	

3. 一起来分析

交流适配器输出的电压经过电阻R1限流，二极管VD1～VD4桥式整流，提供脉动直流电源，LED1与LED2反向并联后串联在交流回路。可调电阻Rp与电阻R2与电容C1构成触发电路，通电后，脉动直流电经过可调电阻Rp与电阻R2给电容C1充电，当C1电压到达一定值时，VT1导通，LED1与LED2点亮，调整可调电阻Rp，实际上是调整电容的充放电时间，改变了控制脚，电位器的阻值越大，充电时间越长，控制角越大，导通角越小，LED变暗；可调电阻阻值调小，充电时间变短，控制角变小，导通角变大，LED变亮。

调整可调电阻Rp阻值大小，VT1的导通角发生变化，从而起到调节LED亮度的目的。

正反向并联两个LED，是为了让交流电不管在正半周还是在负半周都能顺利通过。

有兴趣的读者可以自己查找相关资料，深入学习什么是控制角与导通角。

4. 面包板电路制作展示

电路如图2-11-21所示。

图2-11-21 "单向可控硅调光台灯"面包板制作展示

第十二节　制作两种报警器

经过前面的学习，我们已经初步掌握了各种电子元器件的使用方法。本节，我们将会把这些元器件充分利用起来，实现两个综合制作。

一、NE555断线报警器

在制作中用到降压、整流、滤波、稳压以及NE555复位引脚的巧妙利用。

1. 电路

如图2-12-1所示。

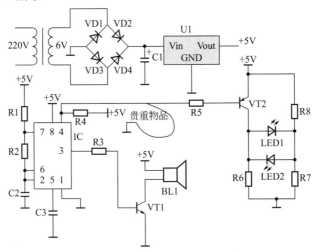

图2-12-1　"NE555断线报警器"电路图

2. 元器件清单

序号	名称	标号	规格	备注
1	变压器		6V	
2	二极管	VD1～VD4	1N4007	
3	电阻	R1	1kΩ	
4	电阻	R2	4.7kΩ	
5	电阻	R3	4.7kΩ	
6	电阻	R4～R8	470Ω	

序号	名称	标号	规格	备注
7	电容	C1	220μF	
8	电容	C2	103	
9	电容	C3	103	
10	稳压块	U1	7805	
11	三极管	VT1	8050	
12	三极管	VT2	8550	
13	发光二极管	LED1	5mm	
14	发光二极管	LED2	5mm	
15	扬声器	BL	0.5W	

3. 一起来分析

220V变压后，6V交流电经过二极管VD1～VD4整流、电容C1滤波，稳压块U1处理后输出+5V电源。

IC（NE555）与外围元件构成多谐振荡器，第4脚引出细导线（比如漆包线）围住需要保管的贵重物品，另一端接到电源的负极，由于4脚为0V，NE555不工作；同时VT2由于基极电压为0而导通，+5V电压经过VT2的发射极、集电极、发光二极管LED1、电阻R7到负极，LED1点亮，指示无险情。

当NE555第4脚到电源的负极引线断开后，4脚电压升高，复位解除，NE555以及外围元件组成的电路开始振荡，第3脚输出的振荡信号经过三极管VT1放大后驱动扬声器BL1发出报警的声音，同时由于4脚为高电平，三极管VT2基极电压升高而截止，+5V电压经过电阻R8、发光二极管LED2、电阻R6到负极，LED2点亮，指示有情况发生。

4. 面包板制作展示

如图2-12-2所示。

图2-12-2　"NE555断线报警器"面包板制作展示

一起玩电子

电子制作入门、拓展全攻略

二、开门报警器

之前介绍过一款"开门报警器",今天这个制作,与之功能相同但工作原理不一样。

1. 电路

如图2-12-3所示。

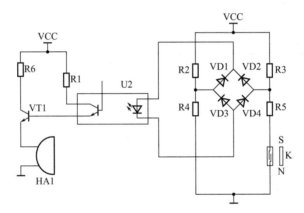

图2-12-3 "开门报警器"电路图

2. 元器件清单

序号	名称	标号	规格	备注
1	二极管	VD1～VD4	1N4007	
2	电阻	R1	470Ω	
3	电阻	R2～R5	1kΩ	
4	电阻	R6	100Ω	
5	三极管	VT1	8050	
6	光耦	U2	4N35	
7	蜂鸣器	HA1	有源	
8	干簧管	K		
9	电源		6V	2032

3. 一起来分析

将干簧管固定在门框上,门边装一块小磁铁。门开时干簧管断开,门关则接通。信号采集部分采用四只二极管VD1～VD4组成的桥堆来处理,当门关上时,二极管组成的桥堆处于平衡状态，无输出。当门打开时，二极管组成的桥堆平衡被破坏，有电压输出，正电压经过电阻R3、二极管VD2、光耦U2内部、二极管VD3、电阻R4到电源的负极。该电压导致光耦U2导通，三极管VT1导通，驱动有源蜂鸣器HA1发声报警。

门关闭，报警消失。

 儿子：可不可以让报警器一直响呢？因为我想如果真的有坏人进到咱们家，他听到报警器不停的尖叫，就会吓得跑掉了。

 父亲：要达到这个效果不需要复杂的电路设计，我们回顾一下前面讲的单向可控硅的特点，里面有一个制作叫"一触即发"。所以，我们将三极管VT1换为单向可控硅就可以啦！

4. 面包板电路

如图2-12-4所示。

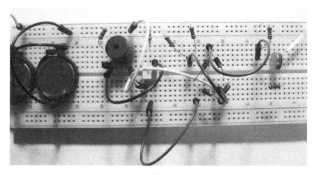

图2-12-4 "门开报警器"面包板制作展示

第十三节　用NE555制作门铃和电子琴

一、叮咚门铃

微动开关按下与释放产生两种声音，模拟"叮咚"音效，归根结底还是改变了振荡频率。

1. 电路图

如图2-13-1所示。

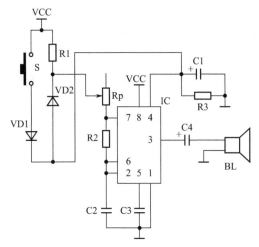

图2-13-1 "叮咚门铃"电路图

2. 元器件清单

序号	名称	标号	规格	备注
1	电阻	R1 ～ R3	10kΩ	
2	电阻	Rp	10kΩ	
3	电容	C1	47μF	
4	电容	C2	104	
5	电容	C3	103	
6	电容	C4	10μF	
7	扬声器	BL	0.5W	
8	二极管	VD1	1N4148	
9	二极管	VD2	1N4148	
10	微动开关	S	两脚	
11	集成块	IC	NE555	
12	电源		6V	

3. 一起来分析

刚通电时候，在微动开关没有按下时，由于NE555第4脚接近0V，NE555处于复位状态，无法工作。

按下微动开关，+6V电压经过隔离二极管VD1，加至电容C1的两端，电容C1充电，电压达到一定值后，NE555开始工作，振荡频率接近"叮"的声音。

当微动开关释放后，电容C1经过电阻R3放电，振荡频率接近"咚"的声音，同时随着放电时间的延长，NE555的第4脚接近0V，NE555处于复位状态，等待下一次按压微动开关。

调整Rp，可以改变音质。

4. 面包板制作展示

如图2-13-2所示。

图2-13-2 "叮咚门铃"面包板制作展示

5. 装配图

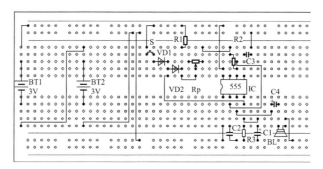

图2-13-3 "叮咚门铃"装配图

二、模拟简易电子琴

本电路只是模拟电子琴，音调并不准。有兴趣的同学可以自己计算外围元件的阻值，设计一款"真正"的电子琴。

1. 电路图

如图2-13-4所示。

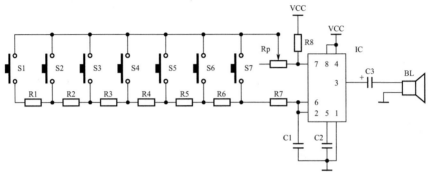

图2-13-4 "模拟简易电子琴"电路图

2. 元器件清单

序号	名称	标号	规格	序号	名称	标号	规格
1	电阻	R1 ～ R8	1kΩ	5	电容	C2	103
2	扬声器	BL	0.5W	6	电容	C3	10μF
3	可调电阻	Rp	10kΩ	7	集成块	IC	NE555
4	电容	C1	104	8	电源		6V

3. 一起来分析

NE555以及外围元件构成多谐振荡器，随着不同按键的按动，改变了振荡频率的大小，从而模拟电子琴的功能。调整Rp的大小，可以改变频率，从而改变音调。

4. 面包板制作展示

如图2-13-5所示。

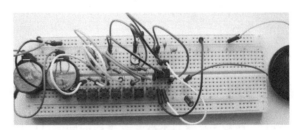

图2-13-5 "模拟简易电子琴"电路图

5.　装配图

如图2-13-6所示。

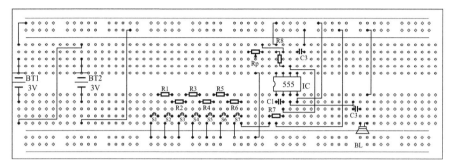

图2-13-6　装配图

第十四节　制作可调数显电源

玩电子制作离不开电源，根据所设计电路的不同功能，可能需要使用的电压也不同。如何制作一款可以调整输出电压的电源呢？

有想法就要考虑如何实现，办法总是比困难多！设计方法有两个，其一，是全部用分立元件，也就是电阻、二极管、电容等再串联三极管调整输出电压；其二，采用LM317三端可调输出稳压块来实现。

LM317是一种使用方便、应用广泛的集成稳压块，外观如图2-14-1所示。图中1脚调整（ADJ），2脚输出（Vout），3脚输入（Vin）。

LM317电压调整范围1.2～37V（最大值取决于变压器输出电压），在使用中只需要外部两个电阻来设置调整输出电压。

LM317稳压块的图形符号，用U表示，如图2-14-2所示。

图2-14-1　LM317

图2-14-2　图形符号

儿子：今天设计制作的电源是可调电源，有的小伙伴如果没有万用表，可能不清楚调整输出电压是多少？

 父亲：电子制作中离不开万用表，如果没有的话，市场上有一款小型电压表，价格也不贵，大约5元，可以方便直观地观看电压数值。

小型电压表如图2-14-3所示。

图2-14-3　小型电压表

一、DIY数显可调稳压电源

1. 电路图

如图2-14-4所示。

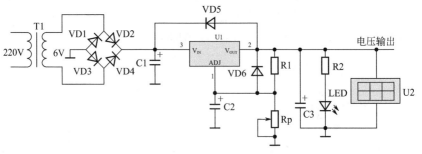

图2-14-4　"可调稳压电源"电路图

2. 元器件清单

序号	名称	标号	规格	备注
1	电阻	R1	240Ω	两个470电阻并联
2	电阻	R2	1kΩ	
3	电阻	Rp	10kΩ	
4	二极管	VD1 ～ VD6	1N4007	
5	电容	C1	220μF	
6	电容	C2	10μF	
7	电容	C3	100μF	
8	交流适配器	T1	6V	或者9V
9	可调稳压器	U1	LM317	
10	发光二极管	LED	5mm	
11	电压表	U2		

3. 一起来分析

  LM317属于串联型可调稳压器，内部包含基准电路和误差放大电路，启动电路和保护电路。改变可调电阻的阻值，就可以调整输出电压，电路中C1是滤波电容，C2的作用是减少输出电压中的纹波电压。为了防止输出端短路，电容C2通过稳压器调整端放电而损害稳压块，故接二极管VD6；当输入端短路时，电容C3所充的电压通过二极管VD5放电，保护稳压块。电阻R2与发光二极管LED构成电源指示电路。

4. 面包板制作展示

  见图2-14-5。

图2-14-5 "可调电源"面包板制作展示

儿子：实验中一般采用3V或者6V电源为制作供电，有了这个可调稳压电源，就可以不用电池，节省电池的费用啦！

父亲：完全可以。如果今后学习了焊接知识，还可以在洞洞板上焊接一款可调电源，并且附加一部分其他功能，制作一款多功能可调电源。

二、DIY多功能数显可调稳压电源

在制作中可能需要检测某点是高电平，还是低电平？音频设备是哪个三极管没有工作？这时就需要制作一台多功能可调电源。

CD4069是一款反相器，可以完成高低电平检测与音频信号产生。

在可调电源的基础上增加高低电平检测与音频信号输出。

1. 电路

如图2-14-6所示。

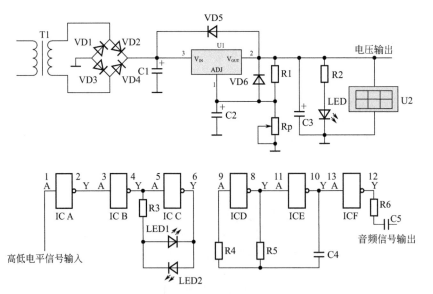

图2-14-6 "多功能可调电源"电路图

2. 元器件清单

序号	名称	标号	规格	备注
1	电阻	R1	240Ω	两个470电阻并联
2	电阻	R2	1kΩ	
3	电阻	Rp	10kΩ	
4	二极管	VD1～VD6	1N4007	
5	电容	C1	220μF	
6	电容	C2	10μF	
7	电容	C3	100μF	
8	交流适配器	T1	6V	或者9V
9	可调稳压器	U1	LM317	
10	发光二极管	LED	5mm	
11	电压表	U2		
12	集成块	IC	4069	
13	电阻	R3	1kΩ	
14	电阻	R4	1MΩ	
15	电阻	R5	47kΩ	
16	电容	C4	103	
17	电容	C5	103	耦合

3. 一起来分析

图2-14-6中集成块4069的电源引脚未画，在制作中请注意。

主要分析4069组成的电平检测以及音频信号输出。

当输入信号是高电平（比如+5V）时，经过IC A与IC B反向后，第4脚是高电平，该高电平在经IC C反向后，第6脚输出低电平，第4脚高电平经过电阻R3限流加到LED1的阳极，LED1的阴极接第6脚，LED1点亮，指示输入端是高电平。

当输入信号是低电平（比如0V），经过IC A与IC B反向后，第4脚是低电平，该低电平在经IC C反向后，第6脚输出高电平，第6脚高电平加到LED2的阳极，LED2的阴极经过电阻R3接第4脚，LED2点亮，指示输入端是低电平。

当输入的信号是频率不高的脉冲信号时，可以看到两个LED轮流点亮，如果输入的是频率高的脉冲信号，由于人眼视觉暂留，看到的是两个LED都点亮。

当输入端悬空时，两个LED都微微点亮。

反相器IC D、IC E、IC F以及外围电阻、电容构成振荡电路，音频信号经第12脚输出。

4. 面包板制作展示

见图2-14-7所示。

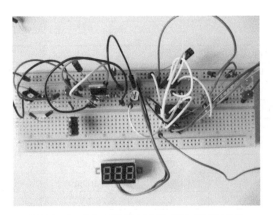

图2-14-7 "多功能可调电源"面包板制作展示

第十五节 制作倍压电路

有些电子制作中需要用到高电压、低电流的电源，一般情况下采用倍压整流电路。按照输出电压是输入电压的几倍，可以分为二倍压、三倍压等。倍压电路典型应用就是电子灭蚊灯。

倍压电路中离不开电容，请将充电后的电容暂时理解为一个小电源，它可以与供电电源串联一起提供给负载（用电器）。我们以二倍压为例学习。这里制作分立元件倍压电源。

1. 电路

如图2-15-1所示。

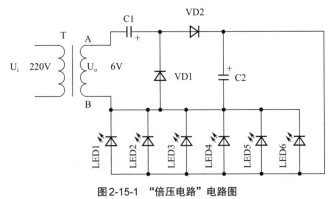

图2-15-1 "倍压电路"电路图

2. 元器件清单

序号	名称	标号	规格	备注
1	变压器	T	6V	或9V
2	二极管	VD1 ～ VD2	1N4148	
3	电容	C1，C2	100μF	
4	发光二极管	LED1 ～ LED6		

3. 一起来分析

　　当变压器次级感应电压上负下正时，二极管VD1导通，VD2截止，电容C1充电，充电回路是，图中B点→VD1→C1→A点，C1充电的方向是左负右正，大小是$1.4 \times U_o$（图中变压器输出电压是6V，那就是8.4V）；当变压器次级感应电压上正下负时，二极管VD1截止，VD2导通，此时电源电压与C1电压串联后，通过VD2给电容C2充电，充电结果是2倍的$1.4 \times U_o$，大约是17V。图中发光二极管LED1 ～ LED6串联后接在倍压输出端，演示倍压输出结果。

4. 面包板制作展示

　　如图2-15-2所示。

图2-15-2　"倍压电路"面包板制作展示

第三章

Hello, 单片机!

　　通过前面的学习, 你一定对模拟、数字电路掌握了不少。但是如果要实现一个实用而又复杂的设计, 仅仅采用数字或者模拟电路是比较繁琐的。所以, 我们还需要学习新的知识, 通过编写程序控制单片机来完成设计要求。学习单片机, 不需要购买昂贵的开发板, 还是在面包板上搭建电路, 可以非常灵活地实现电路设计。

第一节　学习单片机必要的硬件

　　学习单片机都需要什么？首先要掌握必要的电子基础知识；再次选择大众化、性价比高的单片机，熟悉它的引脚功能定义；另外还需要电脑与下载程序的下载器。

一、单片机

　　建议选择型号为STC89C52RC单片机，如图3-1-1所示，性价比高，价格在5元左右，并且关于它的资料也相当丰富，便于学习。

半圆

第一引脚

图 3-1-1　STC89C52RC单片机

　儿子：单片机名字中字母、数字各代表什么意义？

　父亲：不同的生产厂家，不同的型号，单片机的命名方法都不一样，型号中的字母与数字含义也不同。咱们一起了解STC89C52RC名字的具体含义。

1. STC89C52RC字母以及数字含义

　　图3-1-1中单片机型号为STC89C52RC40C，作为初学者只需了解部分数字及字母的含义。

　　STC——表示是宏晶公司的产品。

　　8——表示51内核的单片机。

　　5——在型号中固定不变。

　　2——表示内部程序存储空间（ROM）是8KB。这是关键参数，如果编写的程序超过了单片机存储的空间，就没有办法下载到单片机，需要选择存储空间更大的单片机或者将程序进行优化缩减代码。

　　RC——表示单片机的内存（RAM）的大小是512B，犹如手机、电脑中的内存，大小直接影响运行的速度。

　　40——表示单片机外部晶振的最高频率是40M。

2. STC89C52RC40C单片机一共40个引脚，都是什么功能？

　　它的图形符号见图3-1-2，用U（或者IC表示）。

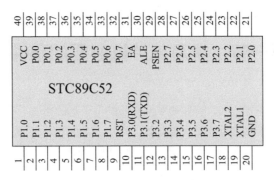

图3-1-2　单片机STC89C52图形符号

　　如何判断单片机引脚的序号，见图3-1-1中，芯片正面有半圆缺口的地方，下排引脚开始是第1个引脚，逆时针方向数，一共40个引脚。

　　（1）I/O口引脚，一共有32个引脚，既能输入信号也能输出信号。一共分为四组，分别是P0、P1、P2、P3，每组有8个引脚，这里需要注意，P0口在使用时需要接上拉电阻（也就是P0口的引脚需要接电阻到电源正极）。P0对应32～39引脚、P1对应1～8引脚、P2对应21～28引脚、P3对应10～17引脚。

　　（2）供电引脚：40脚、20脚分别是单片机的正极与负极，STC89C52RC40C工作电压典型值是5V。

　　（3）晶振引脚：19脚、18脚外接晶振与振荡（起振）电容，振荡电容一般选取30pF。

　　其余引脚对于初学者用不到，暂不作解释。

　儿子：图3-1-2中，单片机P3.0与P3.1两个引脚，小括号内标注的字母代表什么意思？

　父亲：P3每个引脚都有两个功能，其一是普通的I/O口，其二是特殊功能，图3-1-2中P3只标注了P3.0与P3.1两个引脚的特殊功能，RXD与TXD是串口输入与输出，可用于程序的下载与串口通信。

二、下载器

　　电脑中编写好的程序，需要下载到单片机。原来的电脑都有一个232串口（通过电平转化为TTL就可以给单片机下载程序），见图3-1-3，目前这个接口逐渐取消，尤其是笔记本电脑上几乎没有。现在我们通过USB接口进行下载寻找一款USB转TTL模块，见图3-1-4，转换模块需要安装相应的驱动。

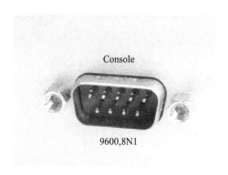

图3-1-3　232串口

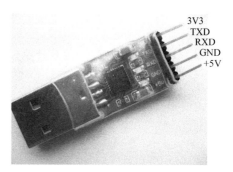

图3-1-4　USB转TTL模块

1. 模块引脚功能

3V3表示3.3V单片机供电。

TXD表示发送数据引脚。

RXD表示接收数据引脚。

GND表示电源负极。

5V表示是专为5V单片机供电。

2. 安装驱动

（1）寻找驱动程序源文件，见图3-1-5。

（2）双击源文件，程序开始安装，见图3-1-6。

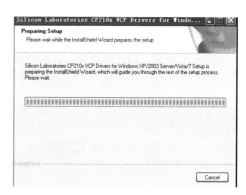

图3-1-5　驱动源文件　　　　　图3-1-6　程序开始安装

（3）点击"Next"，程序继续安装。如图3-1-7。

（4）选择安装许可协议，必须在"I accept the terms of the license agreement"前面的方框打上对勾。见图3-1-8。

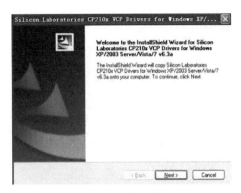

图3-1-7　欢迎对话框

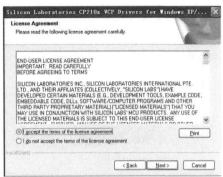

图3-1-8　License Agreement对话框

（5）点击"Next"，出现准备安装程序对话框。选择"Install"。如图3-1-9。

（6）出现完成安装向导对话框，如图3-1-10，点击"Finish"，请注意这里并没有真正完成程序的安装，还要继续安装。

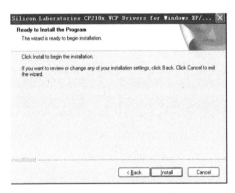

图3-1-9　准备安装程序对话框

图3-1-10　完成安装向导对话框

（7）出现图3-1-11对话框，点击"Install"。

（8）安装成功的对话框，见图3-1-12。

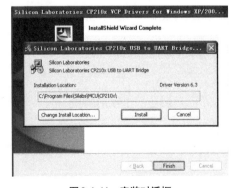

图3-1-11　安装对话框

图3-1-12　安装成功对话框

将转换器插在电脑USB上，寻找虚拟的串口。

（9）以WIN7操作系统为例，右键"计算机"图标，点击"管理"。如图3-1-13。

（10）点击"设备管理器"-"端口"，出现"Silicon Labs CP210x USB to UART Bridge（COM3）"，这就是虚拟的串口。如图3-1-14。

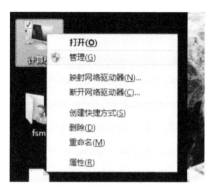

图3-1-13　管理界面

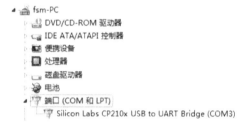

图3-1-14　虚拟串口对话框

电脑硬件以及操作系统不同，虚拟的串口号不同，这里是COM3，你的不一定是COM3，可能是其他的数字比如COM4或者COM5，这个数字一定要记清楚，下载程序用得着。

三、电脑

学习单片机离不开电脑，程序的编写以及下载全靠电脑来完成，学习中遇到问题，可以上网查阅资料，电脑必不可少。

第二节　学习单片机必要的软件

编写程序需要有专用的编程软件，下载程序时还需要下载软件，两者缺一不可。

一、编程软件

编程软件以keil4为例讲解。还有keil2、keil3版本，最新的版本是keil5。

1. 编程软件的安装

（1）双击源文件，出现如图3-2-1欢迎界面，点击"下一步"。

（2）安装程序正在安装对话框，见图3-2-2。

图3-2-1　欢迎界面

图3-2-2　正在安装程序

（3）出现"Welcome to Keil u Vision"，点击"Next"，见图3-2-3。

（4）出现"License Agreement"，点击"next"。见图3-2-4。

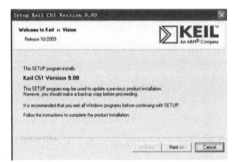

图3-2-3　Welcome to Keil u Vision 对话框

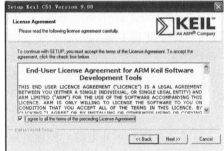

图3-2-4　License Agreement 对话框

（5）出现安装目录选择，如图3-2-5。一般默认，选择"next"。

（6）出现"Customer Information"对话框，如图3-2-6，填写名字以及邮箱地址，点击"Next"。

图3-2-5　安装目录对话框

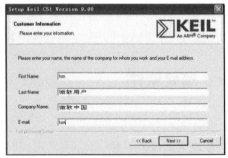

图3-2-6　Customer Information 对话框

（7）程序继续安装，如图3-2-7。点击"Next"。程序继续安装，直到最后选择"Finish"，程序安装完毕。

（8）桌面出现"Keil uVision4"快捷键，如图3-2-8。双击即可打开程序。

图3-2-7　程序继续安装

图3-2-8　"Keil uVision4"快捷键

2. 新建一个工程

编写程序首先要建立一个工程。

儿子：如何建立一个工程文件，是不是很难？

父亲：不难，按照步骤先了解一下，一个工程文件文件里面有好几个文件，其中有一个文件非常重要，它的后缀是.hex。

儿子：后缀是.hex的文件，需要它做什么？

父亲：前面我们说给单片机下载程序，其实就是下载这个文件。

（1）双击桌面"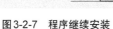"，出现如图3-2-9所示画面。

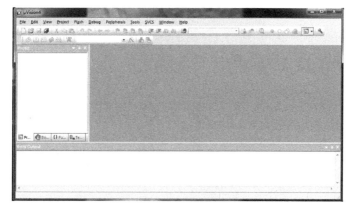

图3-2-9　整体编程结构

一起玩电子

电子制作入门、拓展全攻略

（2）首先在桌面（或者其他地方），新建一个名为"第一个工程"的文件夹。点击图3-2-9中"Project"下拉菜单中的"New uVision Project"。见图3-2-10。

（3）出现保存工程的对话框，将工程保存到刚才桌面新建的"第一个工程"文件夹，名字也叫"第一个工程"，见图3-2-11。

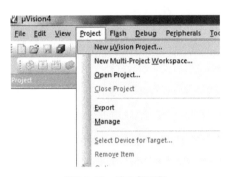

图3-2-10　建立新工程

图3-2-11　保存工程

（4）点击保存后出现对话框，选择"Atmel"中的"AT89C52"。见图3-2-12。

（5）点击"OK"，出现如图3-2-13的对话框。选择是否需要启动代码，选择"否"。

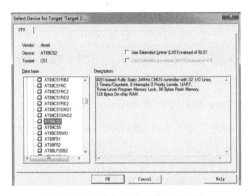

图3-2-12　选择适合单片机的型号

（6）建立一个新文件，这个文件用于编写程序，这个文件仍然在刚才建立的工程文件中，这个文件的后缀是.c，见图3-2-14。

图3-2-13　选择是否需要启动代码

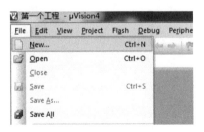

图3-2-14　建立c文件

（7）单击"file"菜单中的"save"保存c文件，见图3-2-15。

（8）将刚才建立的c文件添加到工程中，右击"Source Group"中的点击"Add Files Group 'Source Group1' ..."，见图3-2-16。

图3-2-15 保存c文件（文件名切记后缀要有.c）

图3-2-16 如何添加文件

（9）出现如图的对话框，选择刚才新建的"第一个工程.c"文件，点击"Add"，只需点击一次，然后点击"Close"，见图3-2-17。至此工程建立完成。

（10）开始用Keil4编写程序。见图3-2-18。

图3-2-17 添加文件

图3-2-18 编写程序（在刚才新建的.c文件中编写）

（11）编译单片机能看懂的程序。见图3-2-19。

（12）打开刚才桌面"第一工程文件"文件夹，如图3-2-20所示。

图3-2-19 程序编译

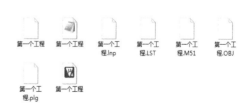

图3-2-20 工程都包括什么文件

儿子：爸爸，前面不是说有个.hex的文件吗，怎么工程中找不见？

父亲：是啊，怎么找不见生成.hex文件，原因是忘记设置重要一步，还需要在Keil4中设置一下。

（13）单击"工程选项图标"如图3-2-21所示。

图3-2-21　工程选项图标

（14）在"Target output"选项中将"Create HEX File"前的方框打上对勾，然后点击"OK"。见图3-2-22。

（15）编译后再次打开工程文件寻找.hex文件，见图3-2-23。

图3-2-22　设置生成.hex文件

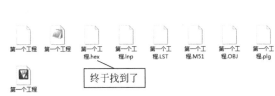

图3-2-23　寻找.hex文件

二、STC-ISP

将程序也就是.hex文件下载到单片机，除了USB转TTL模块，还需要软件配合。软件界面如图3-2-24。

图3-2-24　STC-ISP界面

软件打开后，按照以下步骤完成设置

① 选择单片机的型号，比如"STC89C5RC"。

② 选择串口号，还记得前面让大家记住虚拟的串口号是多少吗，这里是COM3。

③ 打开程序文件，比如选择前面建立的"第一个工程"中的"第一个工程.hex"。

④ 这一步非常关键，STC单片机需要冷启动下载程序，点击"下载/编程"后，再给单片机通电，一定要注意，否则程序无法下载。

 儿子：为什么要冷启动？

 父亲：STC系列的单片机下载程序是不是感觉有点奇怪呢？因为单片机内部有两个程序空间，一个存放用户程序（已经下载进去的程序），另一个是引导程序（出厂时已经写进去，并且无法修改）。只有冷启动才能运行引导程序，它主要作用是检查串口是否要下载程序。

第三节　单片机最小应用系统

单片机最小应用系统包括供电、复位、振荡电路。

 儿子：什么是最小应用系统？

 父亲：就是单片机必须具备以上几个条件，才能正常工作，否则，单片机就要罢工了。

一、电源

通过前面的学习明白了STC89C52RC单片机典型供电是5V，并且供电电源波动范围要小，否则会干扰单片机运行。

实验中USB-TTL模块为单片机供电，电压是5V，该电压通过面包板的A区域分别供到单片机的第40（VCC）、20（GND）脚，如图3-3-1所示。

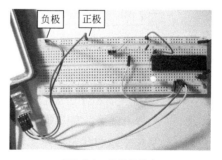

图3-3-1　单片机供电

儿子：单片机可以用电池供电吗？

父亲：完全可以的。

儿子：如果用三节电池串联电压是4.5V，用四节串联是6V，而单片机工作电压典型是5V，如何用电池供电呢？

父亲：用三节电池串联给单片机供电，电压是4.5V，因为STC89C52RC单片机的工作电压是3.3～5.5V（参照单片机PDF手册第7页），典型供电是5V，供电电压绝对不能超过5.5V，否则单片机就会被烧坏，低于3.3V不能烧坏，但是单片机是无法工作的。

二、复位电路

如果单片机意外断电、死机，上电后不管上次程序运行到什么地方，我们都希望程序从头开始。复位电路就是完成这个功能的。复位电路分为上电复位和手动复位两种。

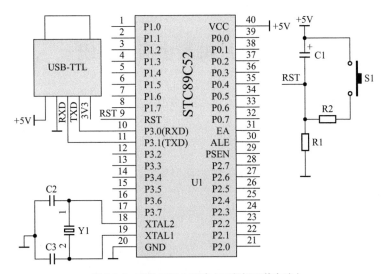

图3-3-2　单片机最小系统（不包括下载电路）

在图3-3-2中，上电复位电路由电容C1（10μF）电阻R1（10kΩ）组成，通电后+5V给C1充电，RST引脚获得一个高电平，只要这个高电平持续时间大于$2\mu s$（微秒），单片机就可以完成复位。

手动复位由微动开关S1、电阻R2（10Ω）等组成，当单片机死机后，按压微动开关（犹如家用电脑热启动按钮），RST引脚得高电平，单片机完成复位。

在这里需要说明一下，单片机的第9脚是RST（复位引脚）。电阻R1与电容C1之间引线标注RST，单片机第9脚也引出一短线标注RST，这是电路图的一种画法，采用网络标号，只要标注一样，表示这两点是连接在一起的。如果不采用网络标号，电路图看起来非常凌乱。

在面包板上，上电复位如图3-3-3所示。

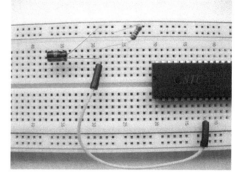

图3-3-3　上电复位电路（手动复位电路没有安装）

三、晶振

单片机正常工作需要晶振提供基准时钟信号，犹如心脏，不停地跳动，而晶振也是振荡不休。

晶振图形符号见图3-3-4，用Y表示。

晶振不分正负极，两个引脚分别接单片机的第18、19引脚，并且晶振两个引脚分别接30pF电容到负极，这两个电容称为起振电容，帮助晶振振荡。

在面包板上，晶振电路如图3-3-5。

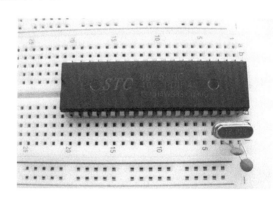

图3-3-4　晶振图形符号　　　　　图3-3-5　晶振电路

四、程序下载电路

程序下载电路不属于最小系统。下节我们要第一次下载程序，所以在这里进行介绍，免得后面手忙脚乱。

USB-TTL模块的RXD与单片机TXD（P3.1）连接。USB-TTL模块的TXD与单片机RXD（P3.0）连接。参照图3-3-1与图3-3-2。

第四节　编写程序点亮LED

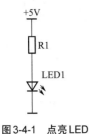

图3-4-1　点亮LED

在刚开始入门学习时，其中一个制作就是2032电池点亮LED，现在回想是不是很简单，弱爆了？那么如何编写程序控制单片机I/O点亮LED呢？

单片机I/O（即IN/OUT）能输出高低电平，高电平指+5V，低电平指0V（GND），先回顾一下前面点亮LED的电路（这里用的是5V电源），见图3-4-1。

一、单片机I/O输出低电平点亮LED

1. 电路图

假如将图3-4-1中的负极换为P1.0，通过编程控制P1.0输出低电平（即0V），LED1是不是点亮呢？电路如图3-4-2，程序如何编写呢？

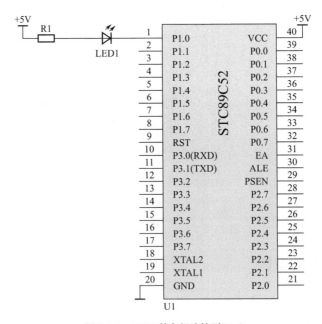

图3-4-2　LED1的负极连接到P1.0

2. 元器件清单

序号	名称	标号	规格	备注
1	单片机最小系统			
2	电阻	R1	470Ω	
3	发光二极管	LED1	5mm	颜色随机

3. 程序设计（3.4.1）

#include〈reg52.h〉//52系列单片机头文件。

sbit led=P1^0；//声明LED接在P1.0，这里注意区分大小写

void main（）//主函数

 {

 led=0；   //P1.0接口输出低电平

 while（1）； //程序停止到这里

 }

4. 程序解释

① 在程序3.4.1中，sbit小写，P应大写，"led"你可以起别的名字，注意不能与c语言中的关键字相同，例如main，它在C语言发明的时候就被占用了。

② #include<reg52.h> 后面没有分号。

③ 主函数main在一个程序中有且只有一个。

④ C语言编写程序用分号表示一句结束。

⑤ "//"用于解释本语句的作用。换行时，需要重新打上"//"。

⑥ P1^0是单片机P1.0引脚在程序中的表示方法。"^"与数字"6"在一个键盘按键上，同时按住"shift"+"6"，就可以打出"^"符号。

5. 面包板制作展示

见图3-4-3。

6. C语言基础知识

主函数

void main（）

{

 语句；

}

图3-4-3 "点亮LED"面包板制作展示

単片机运行程序总是从主函数开始，主函数之前都是一些声明、定义。

7. 下载程序

图3-4-4　程序编译无误

请你"照猫画虎"，将上面的程序在keil4中认真写一遍，下载完成，在软件的下方显示"0 Error（s），0 Warning（s）"，即"零错误，零警告"，恭喜你程序没有出错。如图3-4-4所示。

打开STC-ISP软件，下载程序，如图3-4-5是下载进度条。

程序下载后，P1.0所接的LED点亮。如图3-4-6所示。

图3-4-5　下载程序进度条

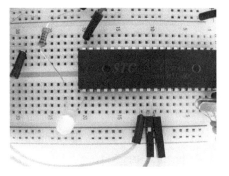

图3-4-6　点亮LED

如果程序下载不成功，首先检查硬件电路，尤其是USB-ISP模块与单片机连接是否正常；其次，点击USB-ISP软件界面下方"停止"，重新冷启动下载。

儿子：刚才是让单片机输出低电平，能不能编写程序单片机输出高电平，点亮LED？

父亲：能不能点亮呢？眼见为实。程序中只需将"led=0；"改为"led=1；"。

二、单片机I/O输出高电平点亮LED

1. 电路图

如图3-4-7所示。

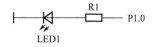

图3-4-7　单片机I/O输出高电平

2. 元器件清单与前面介绍相同

3. 程序设计（3.4.2）

```
#include<reg52.h>
sbit led=P1^0；
void main（）
  {
    led=1；//输出高电平
    while（1）；
  }
```

将程序下载进去，观察LED，为什么亮度很低呢？程序正确，难道是硬件电路有问题？检查电阻R1与LED1没有坏，那就是我们对单片机还不够了解。

单片机的确可以输出高电平，但是输出电流很有限，只有几十微安电流，是无法正常驱动LED的。

 儿子：单片机输出电流很低，有什么办法可以解决吗？

 父亲：办法当然有。谁能担任这个重任呢？三极管就要大显身手，三极管能将微弱的信号放大，I/O输出的信号经过三极管放大后再驱动LED，就完美解决了。

三、三极管驱动点亮LED

1. 三极管驱动电路图

如图3-4-8所示。

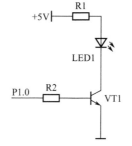

图3-4-8　IO输出信号放大电路

一起玩电子

电子制作入门、拓展全攻略

2. 元器件清单

序号	名称	标号	规格	备注
1	单片机最小系统			
2	电阻	R1	470Ω	
3	电阻	R2	1kΩ	
4	发光二极管	LED1	5mm	颜色随机
5	三极管	VT1	8050	

3. 面包板制作展示

如图3-4-9所示。

图3-4-9　三极管放大I/O输出信号

第五节　闪烁LED

 儿子：上节程序中"led=0"，再加上一句"led=1"，是不是就可以实现LED点亮与熄灭，形成闪烁效果？

 父亲：你试着将这个程序写出来，然后下载观察效果，一起见证奇迹，硬件电路与上节一样。

儿子写的程序如下。

1. 程序设计 3.5.1（不完善程序）

```
#include<reg52.h>    //52系列单片机头文件。
sbit led=P1^0；//声明LED接在P1.0这里需要注意区分大小写
void main（）  //主函数
  {
  led=0；       //led也就是P1.0接口输出低电平
  led=1；       //led也就是P1.0接口输出高电平
  while（1）；    //程序停止到这里
  }
```

硬件电路参照上节图3-4-2。

观察效果，为什么没有点亮呢？程序什么地方出错了？原因是单片机运行速度太快，LED刚点亮就熄灭了，肉眼是根本无法观察出效果的。如何解决呢？LED点亮后，让单片机运行一段延时程序，然后LED再熄灭，然后再延时一段时间。还要做一个小小的变动，需要将"while（1）"这个语句放到别的位置，放到什么地方呢？别着急，先学习while循环语句。

2. C语言基础知识

while循环语句
格式：
while（表达式）
{
语句（可以没有语句）；
}

运行步骤：先判断表达式，如果为真（非0即可），即执行大括号内的语句，否则跳出执行后面的语句。

上节程序中while（1）；括号内是1，永远为真，一直执行语句。

儿子：上节的程序中"while（1）；"，怎么没有大括号？

父亲：原因是大括号内没有语句，大括号就省略了，完整语句如下：

```
While（1）
  {
  }
```

（1）用while循环语句编写简单延时程序

举例，while（a- -）；

a-- 是什么意思，等同于a=a–1，其中a是变量，比如将a换为3，while（a- -）；是这样工作的，先判断表达式，a=3–1，等于2，非零，执行一次空语句，继续判断a=2–1，等于1，非零，执行一次空语句，继续判断a=1–1等于0，跳出循环体。

（2）变量

上面提到a，它就是变量，它随着程序的运行数字不断变化，变量是相对于常量而言，比如数字66，100等不会变化。使用变量需要先定义类型，如表3-5-1。

表3-5-1　变量类型

类型	关键字	数的范围
无符号字符型	unsigned char	0～255
无符号整型	unsigned int	0～65535

（3）延时函数

void delay（unsigned int a）

{

　while（a--）；

}

unsigned int a 中a的变量是无符号整型，范围是0～65535。delay（英语单词延时）是自己起的名字，要一目了然，一看就知道是延时函数，当然你也可以用拼音"yanshi"代替。

延时函数应该写在主函数之前，程序需要调用时将"delay（a）；"中的（a）直接写成数字。你如果定义变量a是无符号字符型，那调用延时函数时，变量a只能在0～255范围。

3. 程序设计3.5.2（程序中加上延时函数）

```
#include<reg52.h> //头文件
sbit led=P1^0;
void delay(unsigned int a)
    {
        while(a--);
    }
void main (  )
    {
        while(1)
```

```
        {
        led=0;
        delay(30000); // 延时语句, 调用延时函数
        led=1;
        delay(30000); // 延时语句, 调用延时函数
        }
    }
```

　　再次下载程序，观察效果，完美闪烁，尽在你眼前。你可以尝试修改led定义的其他接口，比如P1.7，硬件电路也要相应更改，修改延时函数"delay（30000）;"，30000可以改为其他数字，不断地下载，观察闪烁的速度变化。

第六节　单片机控制双色闪烁LED

　　还记得第一章中"双色闪烁LED"的制作吗？听我这么一提，你是不是要问我，能否用单片机来完成？是啊！单片机是无所不能的，当然可以完全可以胜任！

1. 电路

　　如图3-6-1所示。

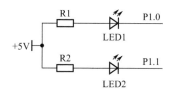

图3-6-1　双色闪烁LED电路图

2. 元器件清单

序号	名称	标号	规格	备注
1	单片机最小系统			
2	电阻	R1，R2	470Ω	
3	发光二极管	LED1	5mm	红色
4	发光二极管	LED2	5mm	绿色

3. 程序设计（3.6.1）

```
#include<reg52.h> //头文件
#define uchar unsigned char//用 uchar 代替 unsigned char
#define    uint unsigned int//用 uint 代替 unsigned int
sbit led1=P1^0;  //定义接口
sbit led2=P1^1;
void delay_ms (uint a)//毫秒级延时函数
    {
        uint i,j;
         for(i=a;i>0;i--)
            for(j=110;j>0;j--);
    }
    void main (    )
    {
        while(1)//不断循环
            {
            led1=0;
            led2=1;
            delay_ms(1000);//延时函数
            led1=1;
            led2=0;
            delay_ms(1000);
        }
    }
```

4. 程序解释

在while（1）大括号中，led1点亮，led2熄灭，延时一段时间，led2点亮，led1熄灭，不断循环，形成闪烁效果。请自己修改延时参数，改变闪烁速度。

5. 面包板制作展示

如图3-6-2所示。

图3-6-2 "双色闪烁LED"面包板制作展示

6. C语言基础知识

（1）宏定义 #define

格式：

#define 新名称 原内容

例如：

#define uchar unsigned char

注意这条语句后面没有分号，#define命令是用自编的字母组合（新名称）代替其后的所有内容，方便以后在程序中的应用。

#define uchar unsigned char 一般在主程序前出现，程序中需要定义变量a时，就可以简化为"uchar a；"，而没有必要写成"unsigned char a；"。

（2）for循环语句

格式：for（表达式1；表达式2；表达式3）

$$\{$$

语句；（内部可以为空）

$$\}$$

① 运行步骤：

第一步：求解表达式1；

第二步：求解表达式2，若其值为真（非0即真），则执行for中的语句，然后求解表达式3；否则跳出for语句，不执行第3步。

重复步骤二。

② 注意

三个表达式之间用分号隔开。三个表达式位置不能互换。

③ 举例说明

以下是一个简单的延时函数

unsigned int i；

for(i=2;i>0;i--)；

第一步：执行i=2。

第二步：2>0，执行for中的语句，因为for中的语句为空，所以什么也不执行。

第三步：i--=i-1=2-1=1。

第四步：跳到第2步，1>0，执行for中的语句为空，所以什么也不执行。

第五步：1-1=0。

第六步：跳到第2步。0>0条件不成立。结束for语句。

以上就是一个时间很短的延时函数，让单片机什么也不执行，空耗时间。

如果需要一个时间较长的延时函数，采用嵌套（更多的for语句）方法。

```
unsigned int i，j；
for(i=1000;i>0;i--)//无分号
        for (j=110;j>0;j--); //切记加上分号
```
以上是简化写法，延时函数写全如下：
```
unsigned int i，j；
for(i=1000;i>0;i--)
        {
                {
                for (j=110;j>0;j--)
                }
        }
```

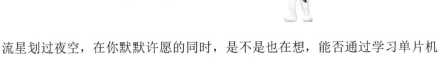

第七节　流星雨

流星划过夜空，在你默默许愿的同时，是不是也在想，能否通过学习单片机来模拟实现这种效果呢？一起行动，寻找流星的感觉。

一、流星雨

1. 电路

如图3-7-1所示。

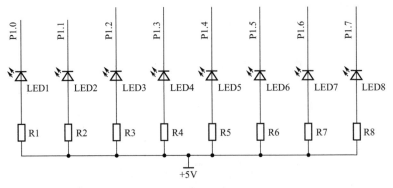

图3-7-1　流星雨电路图

2. 元器件清单

序号	名称	标号	规格	备注
1	单片机最小系统			
2	电阻	R1 ～ R8	470Ω	
4	发光二极管	LED1 ～ LED8	5mm	颜色随机

3. 程序设计3.7.1

```
#include<reg52.h>//头文件
void delay_ms (unsigned int a)//延时函数
{
    unsigned int i,j;
    for(i=a;i>0;i--)
        for(j=110;j>0;j--);
}
void main ( )  //主函数
{
 P1=0XFE;//11111110
 delay_ms(50);
 P1=0XFD;//11111101
 delay_ms(50);
 P1=0XFB;
 delay_ms(50);
 P1=0XF7;
 delay_ms(50);
 P1=0XEF;
 delay_ms(50);
 P1=0XDF;
 delay_ms(50);
 P1=0XBF;
 delay_ms(50);
 P1=0X7F;
 delay_ms(50);
 P1=0XFF;
 while(1);
}
```

4. 程序解释

"delay_ms（50）;"数值可以自己更改，取值"50"实现流星的效果更好，自己修改体验，达到最佳效果。

5. 面包板制作展示

将LED与电阻插在面包板上，如图3-7-2所示。

P1八个I/O口分别与八个LED的负极相连，如图3-7-3所示。

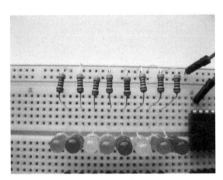

图3-7-2　流星雨硬件电路（1）

图3-7-3　流星雨硬件电路（2）

6. C语言基础知识

（1）总线操作

程序3.7.1没有定义led的I/O，在主程序中直接采用总线操作。

P1一共有8个I/O，分别是P1.7、P1.6、P1.5、P1.4、P1.3、P1.2、P1.1、P1.0，其中P1.7、P1.6、P1.5、P1.4称为高四位，P1.3、P1.2、P1.1、P1.0称为低四位。从高位往低位排列，比如连接P1.0的LED点亮，其他的都熄灭，用0与1来表示，就是1111 1110（二进制），将高四位与低四位分别换算为十六进制（0XFE）。

（2）二进制与十六进制转换

告诉大家一个二进制转换十六进制的办法。打开电脑中的计算器。如图3-7-4，点击"二级制"，填写需要转换的二级制。

点击计算器"十六进制"，转化结果，如图3-7-5所示。

儿子：1111 1110转换结果是FE，为什么程序中要写0XFE。

父亲：FE是十六进制，0X只是说明其后面跟的数是十六进制，X、F、E不分大小写。

图3-7-4 填入需要转化的二级制

图3-7-5 十六进制转换结果

二、字体设置

 儿子：在keil4编写程序，字体有点小，能否像在"word"中一样调整字体的大小吗？

 父亲：完全可以，设置方法如下。

① 选择"Edit"下拉菜单中的"Configuration..."，如图3-7-6。

② 选择"Colors & Fonts"，再依次点击（Window）"8051：Editor C Files"、（Bement）"Text"、（Font）"Courier New"，弹出"Font"对话框，"Size"选项中选择字体大小，点击"OK"。如图3-7-7。

图3-7-6 更改字体（1）

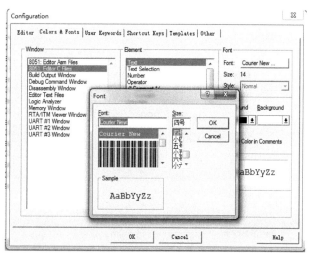

图3-7-7 更改字体（2）

第八节　花样闪烁LED

由于面包板面积的限制，以8个LED为例，设计花样闪烁效果。

电路图参照图3-7-1，硬件电路同上节。

1. 程序设计（3.8.1）

```
#include <reg52.h>
#define uchar unsigned char
#define uint unsigned int
uchartable[  ]={0x7f, 0xbf, 0xdf, 0xef, 0xf7, 0xfb, 0xfd, 0xfe, 0xff, 0xff, 0x00,
0x00, 0x55, 0x55, 0xaa, 0xaa};//只要不超过ROM空间可以无限添加 // 0111
1111(0x7f) 1011 1111(0xbf) 1101 1111(0xdf) 1110 1111(0xef) 1111 0111(0xf7) // 1111
1011(0xfb) 1111 1101(0xfd) 1111 1110(0xfe) 1111 1111(0xff) 1111 1111(0xff) // 0000
0000(0x00) 0000 0000(0x00) 0101 0101(0x55) 0101 0101(0x55) 1010 1010(0xaa)
    void delay(uint a)//简易延时
        {
            while(a--);
        }
    void main( )
    {
     uchar i;
     while(1)
        {
            for(i=0;i<16;i++)//查表简单显示各种花样
            {
                    delay(40000);
            P1=table[i];
                    }
            }
        }
    }
```

2. 程序解释

通过for循环语句不断地从数组中取出数值，赋值给P1。for语句执行第一次循环的时候，"i=0；"，即"P1=table[0]；"，对应数组是0x7f，换算为二级制是0111 1111，只有P1.7接口的LED点亮，其他熄灭。不断循环，直到i<16不成立而退出循环体。

3. C语言基础知识

数组

数组，就是一组数据的集合，数组分为一维数组，二维数组，三位数组和多维数组。

一维数组格式：

数据类型说明 数组名 [数量]={数值1，数值2}；

[数量]一般不填，编译器自动计算

举例 unsigned char table[　]={0xfe,0xfd,0xfb};

table是数字名　 0xfe,0xfd,0xfb是数值

使用数组注意事项：

① 大括号内数值之间用逗号。

② 语句结束加上分号。

③ table后面中括号里的数字是从0开始的，对应后面大括号里的第1个元素。

以程序3.8.1为例

P1=table[0]；

相当于P1=0x7f；

4. 查表法驱动LED

for(i=0;i<16;i++)//查表可以简单的显示各种花样

```
    {
    delay(40000);
    P1=table[i];
    }
```

第九节　译码器74HC138应用

STC89C52RC只有32个I/O，如果控制一些复杂的电路，这些I/O就要捉襟见肘了，如何扩展I/O呢？ 74HC138是一款三八译码器，能将三种输入状态译码成八种输出状态，也就是说，只需要占用三个I/O就可以扩展为八个I/O。74HC138

译码器外观，如图3-9-1所示。

74HC138译码器图型符号，如图3-9-2，用IC表示。

图3-9-1　74HC138

图3-9-2　74HC138图形符号

74HC138一共有16个引脚，16脚是VCC，8脚负极；A0、A1、A2是三八译码器的输入端子，每一个输入端子有两个输入状态（1或0），三个输入端子一共有8个输入状态；Y0～Y7是译码块输出端子；E1、E2、E3是译码块的使能端子，只有E1与E2同时接到负极，E3接到正极，译码块才能具备正常工作条件。

三八译码块真值如表3-9-1。

表3-9-1　三八译码块真值表

输入			输出							
A2	A1	A0	Y0	Y1	Y2	Y3	Y4	Y5	Y6	Y7
0	0	0	0	1	1	1	1	1	1	1
0	0	1	1	0	1	1	1	1	1	1
0	1	0	1	1	0	1	1	1	1	1
0	1	1	1	1	1	0	1	1	1	1
1	0	0	1	1	1	1	0	1	1	1
1	0	1	1	1	1	1	1	0	1	1
1	1	0	1	1	1	1	1	1	0	1
1	1	1	1	1	1	1	1	1	1	0

三八译码器实现流水灯

1. 电路

如图3-9-3所示。

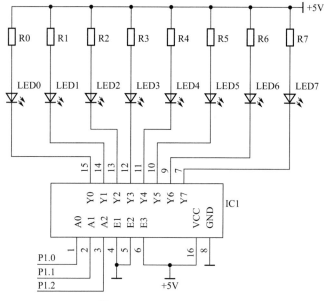

图3-9-3 译码块实现流水灯

2. 元器件清单

序号	名称	标号	规格	备注
1	单片机最小系统			
2	电阻	R0～R7	470Ω	
3	译码块	IC1	74HC138	
4	发光二极管	LED0～LED7	5mm	颜色随机

3. 程序设计（3.9.1）

```
#include<reg52.h>
#define uchar unsigned char
#define uint  unsigned int
sbit A0=P1^0;
sbit A1=P1^1;
sbit A2=P1^2;
void delay ( );
void main ( )
{
```

```
        while(1)
        {
        A0=0;A1=0;A2=0;//Y0 0;
        delay ();
        A0=1;A1=0;A2=0;//Y1 0;
        delay ();
        A0=0;A1=1;A2=0;//Y2 0;
        delay ();
        A0=1;A1=1;A2=0;//Y3 0;
        delay ();
        A0=0;A1=0;A2=1;//Y4 0;
        delay ();
        A0=1;A1=0;A2=1;//Y5 0;
        delay ();
        A0=0;A1=1;A2=1;//Y6 0;
        delay ();
        A0=1;A1=1;A2=1;//Y7 0;
        delay ();
        }
        }
        void delay ( )
        {
         uint i,j;
         for(j=500;j>0;j--)
          for(i=110;i>0;i--);
        }
```

4. 程序解释

为了程序布局美观，可以在主函数之前先声明函数，在主函数之后再写完整，上面的程序在主函数之前先声明"void delay（）；"，在主函数之后编写该函数相对应的内容。

5. 面包板上制作

译码块74HC138驱动LED，面包板上制作如图3-9-4所示。

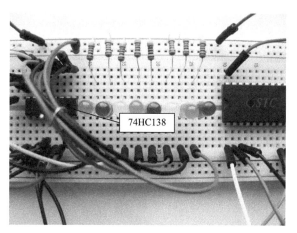

图3-9-4 74HC138驱动LED

6. 装配

如图3-9-5所示。

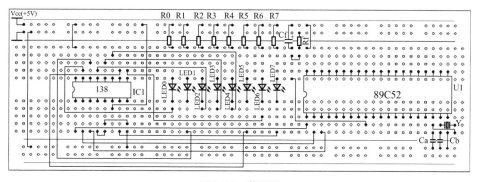

图3-9-5 装配图

 注意

装配图中单片机最小系统，各元件取值：晶振Y（12M）、起振电容Ca（30pF）与Cb（30pF）、复位电阻Rf（10kΩ）复位电容Cf（10μF）。后面章节中取值与此相同。

第十节　数码管动态显示

四位一体数码管在电子电路制作中使用非常多，如图3-10-1所示。

图3-10-1　数码管（四位一体）

它是将四个数码管封装在一起，每个数码管的段码并联在一起，用于显示内容，每个数码管的公共端（位码）独立引出，可以控制那个数码管点亮工作。内部结构（共阳）见图3-10-2。数码管实物引脚示意见图3-10-3。

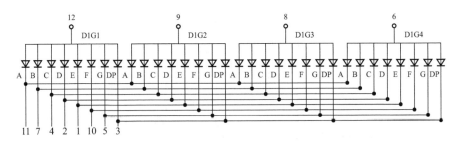

图3-10-2　四位一体数码管内部结构（共阳）

四位一体数码管图形符号见图3-10-4，用U（或DS）表示。

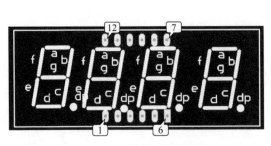

图3-10-3　数码管引脚示意图

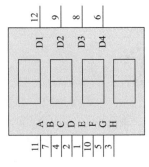

图3-10-4　图形符号

一、动态扫描

当单片机输出段码显示字形（数字或者字母）时，四个数码管同时接收到此信息，但是还需要单片机控制选通哪一位数码管显示，其余数码管不会显示，轮流控制选通数码管，每位数码管的点亮时间控制在 1 ～ 2ms，利用人眼视觉暂留现象以及数码管内部 LED 的余晖效应，实际数码管并不是在同一时刻点亮，但是只要单片机扫描足够快，我们看到的就是一组稳定的数字，这就是动态显示。

二、排阻

排阻是将若干个阻值完全相同的电阻集中封装在一起，这些电阻其中的一个引脚都连到一起，作为公共引脚。如图 3-10-5。

最左边的那个是公共引脚。排阻一般应用在数字电路上，比如：单片机 P0（I/O）上拉电阻。

图 3-10-5　排阻

排阻电路图形符号见图 3-10-6，用"RN"表示。

排阻内部示意图见图 3-10-7。

图 3-10-6　排阻图形符号

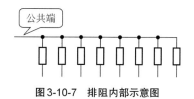

图 3-10-7　排阻内部示意图

排阻的封装表面有一个小白点，与之相应的是排阻的公共端，一般接电源的正极。排阻上面一般都标明阻值的大小，识别方法与可调电阻类似，比如标志"102"，即为 1000Ω。

三、数码管编码

一般情况下数码管段码 a、b、c、d、e、f、g、h 分别与单片机 PX.0、PX.1、PX.2、PX.3、PX.4、PX.5、PX.6、PX.7（PX 指 P0、P1、P2、P3）连接，这样数码管编码是标准编码。如果是其他方式连接，编码就是非标编码。究竟什么是编码呢？以共阴数码管为例，如果显示数字"1"，对应的段码是二级制是 0000 0110，换算为十六进制是 0X3F。

共阴数码管编码如表 3-10-1 所示。

表 3-10-1　共阴数码管编码

数字	编码	数字	编码	数字	编码	数字	编码
0	0x3f	3	0x4f	6	0x7d	8	0x7f
1	0x06	4	0x66	7	0x07	9	0x6f
2	0x5b	5	0x6d				

共阳数码管编码见表3-10-2。

表 3-10-2　共阳数码管编码

数字	编码	数字	编码	数字	编码	数字	编码
0	0xc0	3	0xb0	6	0x82	8	0x80
1	0xf9	4	0x99	7	0xf8	9	0x90
2	0xa4	5	0x92				

四、如何显示数字"0123"

单片机I/O输出电流是微安级别，还记得用I/O输出高电平直接驱动LED，效果不尽人意吗，但是P0很特别，内部没有设计上拉电阻，需要外加上拉电阻，才能真正输出电平信号，我们可以这样做，上拉电阻阻值取值小一些，驱动电流就相应变大，驱动数码管不成问题，其他几个I/O内部上拉电阻已经固定，无法改变。

1. 电路

如图3-10-8所示。

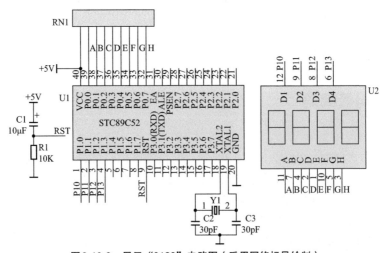

图3-10-8　显示"0123"电路图（采用网络标号绘制）

2. 元器件清单

序号	名称	标号	规格	备注
1	单片机最小系统			
2	排阻	RN1	1kΩ	或4.7kΩ
3	数码管	U2		

3. 程序设计（3.10.1）

```c
#include <reg52.h>//头文件
#define uchar unsigned char//宏定义
#define uint  unsigned  int
char fsmtable[ ]={0x3f,0x06,0x5b,0x4f,0x66,0x6d,0x7d,0x07,0x7f,0x6f};
// 共阴数码管显示段码值0123456789
void delay_ms (uint a)//延时函数
{
    uint i,j;
    for(i=a;i>0;i--)
      for(j=110;j>0;j--);
}
void main(  )
{
 while(1)
    {
     P0=fsmtable[0];//取显示数据
     P1=0xfe;
       delay_ms(1); //延时时间
     P0=fsmtable[1];//取显示数据
     P1=0xfd;
       delay_ms(1); //延时时间
     P0=fsmtable[2];//取显示数据
     P1=0xfb;
       delay_ms(1); //延时时间
     P0=fsmtable[3];//取显示数据
     P1=0xf7;
       delay_ms(1); //延时时间
    }
}
```

一起玩电子

电子制作入门、拓展全攻略

4. 程序解释

（1）char fsmtable[ ]={0x3f,0x06,0x5b,0x4f,0x66,0x6d,0x7d,0x07,0x7f,0x6f};

// 共阴数码管显示段码值0123456789

fsmtable是自己起的名字。

（2）P0=fsmtable[0]；//取显示数据

从数组中取出第一数据，即"0x3f"，段码输出数字"0"的字形符号，至于哪一个数码管显示，还需要选通数码管。

（3）P1=0xfe；

选通数码管语句，"0xfe"即"1111 1110"，P1.0输出低电平，从电路图中可以看出是第一个数码管连接"P1.0"，此时只有它被选中，具备显示条件。

（4）程序中延时时间是1ms，有兴趣的读者可以将延时时间修改为100ms，你看到了什么现象。

5. 面包板上制作展示

如图3-10-9所示。

图3-10-9　显示"0123"面包板制作展示

 儿子：四位一体的数码管共阳与共阴外观几乎一样，怎样区别它的极性呢？

 父亲：共阴的一般标注为5461AS，共阳的标注为5461BS，还有一种简单的方法，找一块2032电池，将2032电池的正极与数码管的12脚相连，负极与11脚连接，第一个数码管的"a"段点亮，是共阳数码管，否则就是共阴数码管。如图3-10-10所示。

图3-10-10　判断数码管的极性

6. 装配图

如图 3-10-11 所示。

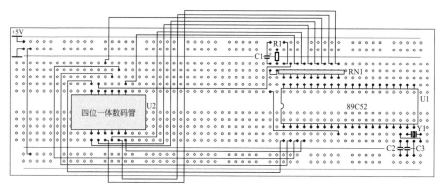

图 3-10-11　装配图

第十一节　数码管每秒间隔显示0～9

如何实现每秒间隔显示数字呢？利用单片机延时函数空耗时间，延时 1s 来实现，等学完单片机定时器中断，就可以设计精确计时程序。电路图参照上节。

1. 程序设计3.11.1

```
#include<reg52.h> //头文件
#define uchar unsigned char    //宏定义
#define uint  unsigned int
uchar code table [ ]={0x3F,0x06,0x5B,0x4F,0x66,0x6D,0x7D,0x07,
                                 0x7F,0x6F}; //共阴数码管编码
void delay (uint a) //延时函数
{
  uint j,i;
  for(j=a;j>0;j--)
    for(i=110;i>0;i--);
}
void main ( ) //主函数
{
```

```
uint num;  //定义变量
while(1)
{
 delay(1000);          //延时时间大约1s

 P1=0xfe;
 P0=table[num];
 num++;
 if(num>9)
    num=0;
}
}
```

2. 程序解释

① num++；即 num=num+1。

② P1=0xfe；选通第一个数码管。

③ if（num>9）

num=0;

以上是简写，写全如下：

```
if(num>9)
{
num=0;
}
```

如果num变量数字大于9，num重新赋值为"0"。

3. 面包板制作展示

如图3-11-1所示。

图3-11-1 "显示数字"面包板制作展示

4. C语言基础知识

（1）if语句

格式一：

if（表达式）{语句1；语句2；}

步骤：如果表达式为"真"，则执行语句1和语句2，如果为"假"，则跳过语句1与语句2，执行其他的程序。

格式二：

if（表达式）{语句1；语句2；}

       else{语句3；语句4；}

步骤：如果表达式为"真"，则执行语句1和语句2，如果为"假"，则执行语句3与语句4。

（2）运算符

常见运算符如表3-11-1。

表3-11-1　运算符

符号	说明	举例	符号	说明	举例
<	小于	a<b	>=	大于或等于	a>=b
>	大于	a>b	==	等于	a==b
<=	小于或等于	a<=b	!=	不等于	a!=b

儿子：上面的程序只是让"num"自加到9，如何显示大于"9"的数字呢？

父亲：显示大于9的数值就需要用到数字的分解。

（3）数字分解

以两位数字为例，一位数码管是无法显示两个数字，数字分解是必需的，分解后分别送到两个数码管显示。比如一个两位数字是num，分解十位（a表示），a=num/10（称之为求模）；分解个位（b表示），b=num%10（称之为求余）。

第十二节　按键与LED

按键即微动开关，本身不能自锁。本节通过三个程序举例如何在程序中编写按键控制语句。

一、三个制作中用到的电路图以及元器件清单相同。

1. 电路

如图3-12-1所示。

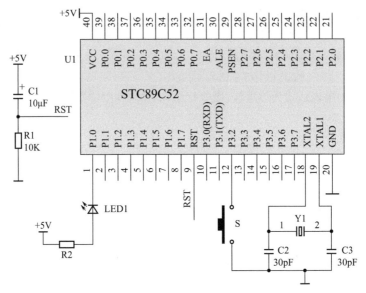

图3-12-1 "按键与LED"电路图

2. 元器件清单

序号	名称	标号	规格	备注
1	单片机最小系统			
2	电阻	R2	470Ω	
3	发光二极管	LED1	5mm	颜色随机
4	微动开关	S	两脚	

二、一键无锁控制LED

即按下LED点亮，放手LED熄灭。

1. 程序设计（3.12.1）

#include <reg52.h> //头文件

```
sbit LED=P1^0; //定义LED引脚
sbit KEY=P3^2; //定义按键引脚
void main(  )
{
  while(1)
    {
        if(KEY==0)//判断按键是否按下
        {
        LED=0; //LED点亮
        }
        else
        {
        LED=1;  //LED熄灭
        }
    }
}
```

2. 程序解释

"if（KEY==0）"注意判断按键是否按下，要用"=="而不是"="；如果按键按下，LED点亮，否则熄灭。

 儿子："= ="与"="有什么区别，如何正确使用。

 父亲："= ="用于判断语句，而"="是赋值的含义，比如"LED=0；"将"0"赋值给"LED"。

3. 面包板电路制作展示

如图3-12-2所示。

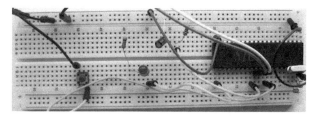

图3-12-2　"一键无锁控制LED"面包板制作展示

三、一键自锁控制LED

按一下LED点亮，再按一下LED熄灭。

1. 程序设计（3.12.2）

```c
#include <reg52.h> //51头文件
sbit LED=P1^0;
sbit KEY=P3 ^ 2;
void main(void)
{
    while(1)
    {
        if(KEY == 0) //判断按键状态
        {
            LED = ~LED; //变化灯的状态
        }
    }
}
```

2. 程序解释

"~"，取反的符号，如果原来是高电平，取反后就为低电平，原来是低电平取反后就是高电平。通过判断按键状态，不断取反操作而实现LED状态变化。

将程序下载后，你将发现，按键有时并不怎么听话，这个程序有问题，问题在哪儿？需要处理按键防抖。

3. C语言基础知识

按键防抖

当按下按键时，由于金属弹片的作用，不能很快闭合稳定，放开时也不能立刻断开，闭合稳定前后称为按键抖动，见图3-12-3。消除抖动可以通过程序或者硬件电路实现，通常通过程序完成。

如何用程序来实现呢？从图3-12-3中可以看出，当检测到按键状态变化，先延时一段时间（一般为10～20ms），绕开不稳定状态（前沿抖动），然后再检测一次按键状态，如果与前面检测的状态相同，说明已经进入"闭合稳定"。

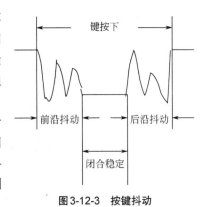

图3-12-3　按键抖动

4. 改进程序（3.12.3）

```c
#include <reg52.h> //头文件
sbit LED=P1^0;
sbit KEY=P3 ^ 2;
void delay (unsigned int a)
{
    unsigned int i,j;
    for(i=a;i>0;i--)
        for(j=110;j>0;j--);
}
void main( )
{
    while(1)
    {
        if(KEY == 0) //判断按键状态
        {
            delay(20); //延时20ms
            if(KEY == 0)//再次判断按键状态
            {
                LED = ~LED; //变化灯的状态
                while(KEY == 0); //等待按键松开
            }
        }
    }
}
```

解释：

两次检测按键状态，确保按键真正按下。按键消除抖动程序非常重要，在设计按键控制的电路中，一定要加上消除抖动程序。"while（KEY==0）；"该条语句是等待按键释放，检测到按键释放后，跳出循环体。

第十三节 点阵屏

如今，大多数商店门前都有一块电子屏，不停循环一些促销或者公告信息。这些电子屏内部结构就是由许多小点阵屏组成。由于面包板体积限制，我们采用0788型点阵屏，它是目前最小的LED点阵屏，见图3-13-1。点阵屏常见的颜色是单色的，以红色居多，对于单色的点阵屏严格讲不分共阳与共阴，但是购买点阵屏时，卖家总是询问需要共阳还是共阴，行业习惯是这样定义共阳与共阴的，一般根据第一个引脚极性决定，第一个引脚是阳极，称为共阳点阵屏。

一个8×8点阵屏，由64个LED组成，内部结构如图3-13-2。

图3-13-1　点阵屏外观　　　　图3-13-2　单色点阵屏内部结构（共阳）

从内部结构图可以看出，左面9、14、8、12、1、7、2、5八个引脚是点阵屏的阳极；上面13、3、4、10、6、11、15、16八个引脚是点阵屏的阴极。如何点亮点阵屏中的LED呢？可以将第5脚接高电平，13脚接低电平，那么点阵屏左下角的LED点亮。

点阵屏引脚排列顺序（与集成块引脚排列类同），第一个引脚一般在侧面有字的一面，字是正向时，左边第一个引脚是1，逆时针数至第16脚。见图3-13-3。

点阵屏图形符号见图3-13-4，用LD（或者U）表示。

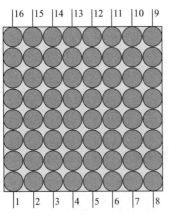

图3-13-3　点阵屏引脚排列　　　　图3-13-4　点阵屏图形符号（方框外是引脚序号，方框内是行列顺序，从左到右，从上到下依次递增）

单片机与点阵屏电路连接如图3-13-5所示。

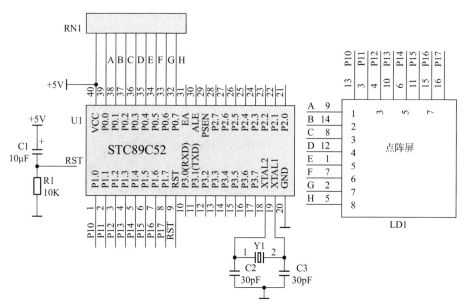

图3-13-5 单片机与点阵屏电路

元器件清单如表3-13-1。

表3-13-1 元器件清单

序号	名称	标号	规格	备注
1	单片机最小系统			
2	排阻	RN1	1kΩ	或者4.7kΩ
3	点阵屏	LD1	0788	

一、点阵屏一个LED点亮

1. 程序设计（3.13.1）

```c
#include<reg52.h>
void main ()
{
  P0=0X01;
  P1=0Xfe;
  while(1);
}
```

一起玩电子

电子制作入门、拓展全攻略

2. 程序解释

"P0=0X01；"选中点阵屏第一行，"P1=0Xfe；"选中点阵屏第一列。相交叉的LED点亮。

3. 面包板制作展示

见图3-13-6。

图3-13-6 "点亮点阵屏中一个LED"面包板展示

二、点阵屏奇数行点亮

1. 程序设计（3.13.2）

```
#include<reg52.h>
void main ()
{
  P0=0X55;//0101 0101
  P1=0X00;//0000 0000
  while(1);
}
```

2. 程序解释

"P0=0X55；"选中奇数行，"P1=0X00；"选中所有列。

3. 面包板电路

见图3-13-7。

图3-13-7 "点阵屏奇数行点亮"面包板制作展示

三、显示心形图案

8×8点阵屏可以显示一些简单的图案以及汉字，如何在8×8的点阵屏上显示心形图案呢？如图3-13-8所示，点阵屏上白色表示需要点亮的LED。

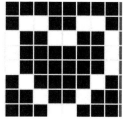

图3-13-8 点阵屏显示心形图案

1. 程序设计（3.13.3）

```c
#include <reg52.h>//头文件
#define uchar unsigned char
#define uint  unsigned int
uchar table[ ]={0x01,0x02,0x04,0x08,0x10,0x20,0x40,0x80};//P0
uchar table1[ ]={0xFF,0x99,0x66,0x7E,0x7E,0xBD,0xDB,0xE7};//P1 心形图案
uchar i;//定义变量
/*延时函数*/
void delay(uint a)
    {
     while(a--);
    }
/*主函数*/
void  main( )
    {
    while(1)
      {
        P0=table[i];
        P1=table1[i];
          delay(30);
        i++;
            if(i==8)
        i=0;//i加到8后归零
      }
    }
```

2. 程序解释

P0接点阵屏的阳极，P1接点阵屏的阴极，采用动态扫描，显示心形图案。"P0=table[i]；P1=table1[i]；"，当i=0时，P0=0x01，选中点阵屏第一行，但是

P1=0xFF，点阵屏没有能点亮LED。当i=1时，P0=0x02，选中点阵屏第二行，P1=0x99（1001 1001），第2、3、6、7LED点亮，依次类推，不断扫描与循环，我们就能看到一幅稳定的心形图案。

如图将P0数组顺序前后颠倒，你将看到一幅什么样的图像呢？有兴趣的同学自己亲自试验。

3. 面包板电路

如图3-13-9所示。

图3-13-9 "点阵屏上显示心形"面包板制作展示

4. 装配图

见图3-13-10。

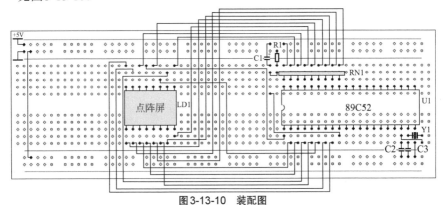

图3-13-10 装配图

第十四节 秒表

单片机也有中断功能，它也会中断单片机主程序正常运行。今天设计的秒表是利用单片机内部资源——定时/计数器中断，前面讲过延时1秒（s），是让单片机空耗一段时间，并且延时时间不是精确的，但是定时器中断获得时间单位就比较精确，精确程度与单片机外接晶振质量有关。

常见的单片机单片机一共有5个中断，即外部中断0、外部中断1、定时/计数中断0、定时/计数中断1、串口中断。

一、制作一个秒表

1. 电路

如图3-10-8所示。

2. 程序设计（3.14.1）

```
#include<reg52.h>//头文件
#define uchar unsigned char//宏定义
#define  uint unsigned int
uchar table []={0x3F,0x06,0x5B,0x4F,0x66,0x6D,0x7D,0x07,
            0x7F,0x6F}; //共阴数码管数组
uchar num,num1,shi,ge;//定义变量
void delay(uchar a)//延时函数
{
  uint i,j;
  for(j=a;j>0;j--)
    for(i=110;i>0;i--);
}
void display (uchar shi,uchar ge )//显示函数
{
 P0=table[shi];
 P1=0XFE; //1111 1110 选中数码管第一位
 delay(5);

 P0=table[ge];
 P1=0XFd;//1111 1101 选中数码管第二位
 delay(5);
}
void t0init ( )//初始化
{
    TMOD=0X01;//0000 0001//定时器0工作方式1
    TH0=0X3C;//装入初值, 50毫秒
```

```
        TL0=0XB0;//装入初值
        EA=1;//打开总中断开关
        ET0=1;//打开定时器0中断开关
        TR0=1;//启动定时器0
    }
void main ( )  //主函数
{
    t0init ( );
    while(1) //无限循环
    {
    display (shi,ge );
    }
}
void timer0 ( )interrupt 1        //中断函数
{
    TH0=0X3C;//装入初值
    TL0=0XB0;//装入初值
    num++; //变量累加
    if(num==20)//1秒
    {
        num=0;
        num1++;
        shi=num1/10;// 取十位
        ge=num1%10; //取个位
        if(num1==60)
        {
        num1=0;
        }
    }
}
```

3. 程序解释

（1）采用定时器中断必要的语句。

TMOD=0X01；

TMOD是选择定时器工作方式。0X01是定时/计数中断0工作方式1，如果是0X10是定时/计数1工作方式1。

TH0=0X3C；//装入初值

TL0=0XB0；//装入初值

如果单片机外接晶振是12M，它的时钟周期是$1/12\mu s$（微妙），12个时钟周期是一个机器周期即1μs，定时/计数0工作方式1，最大值能定时65536μs（2的16次方），约等于65ms。如果需要定时50ms，也就是计数不是从0开始，而是从15536（65536-50000）开始，15536（十进制）换算为16进制为3CB0，即"TH0=0X3C；TL0=0XB0；"，需要计时1s，只需程序中断20次。

　　EA=1；//打开总中断开关

　　EA是总开关，好比总电闸。

　　ET0=1；//打开定时器0中断开关。它是定时器0的开关，好比客厅总电源开关。

　　TR0=1；//启动定时器0。启动定时器0好比客厅的吊灯开关。

　　以上语句需要写在主函数中，或者作为函数，在主函数中调用。

　　（2）void display（uchar shi，uchar ge）//显示函数显示部分用函数形式体现，在主函数循环调用。

　　（3）中断函数

　　既然中断产生了，那么中断以后做什么？

void timer0（）interrupt 1　　　　//中断函数

{

　　做什么工作；

}

　　"timer0"自己起的名字，代表定时/计数0中断，"interrupt"不能写错，关键是它后面的数字千万也不能搞错。中断源与序号如表3-14-1。需要注意，采用工作方式1，需要在中断函数中重新装入初值。

表3-14-1　中断源与序号

中断源	默认中断级别	序号
INT0-外部中断0	第一	0
T0-定时器/计数器0中断	第二	1
INT1-外部中断1	第三	2
T1-定时器/计数器1中断	第四	3
TI/RI-串行口中断	第五	4
T2-定时器/计数器2中断	最低	5

4. 面包板制作展示

　　如图3-14-1所示。

图3-14-1　"秒表"面包板制作展示

二、外部中断举例

1. 电路

如图 3-14-2 所示。

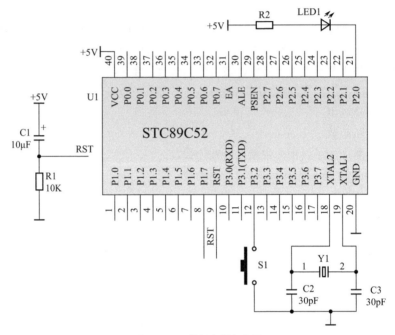

图 3-14-2　外部中断电路图

2. 程序设计（3.14.2）

```
#include<reg52.h>//头文件
#define uchar unsigned char//宏定义
#define  uint unsigned int
sbit LED=P2^0;
void delay(uint a)//延时函数
{
 uint i,j;
 for(j=a;j>0;j--)
    for(i=110;i>0;i--);
}
void main ( )
```

```
    {
        EA=1;//打开总中断开关
         EX0=1;//打开外部中断0开关
         IT0=0;//触发方式，IT0=1下降沿触发，IT0=0低电平触发
         while(1);
    }
    void wb0 ( )interrupt 0//中断函数
    {
    LED=0;
    delay(500);
    LED=1;
    delay(500);
    }
```

3. 程序解释

① IT0=0；//触发方式，IT0=1下降沿触发，IT0=0低电平触发。下降沿触发就是一个从高电平到低电平变化触发。

② 外部中断0对应的引脚是P32，外部中断1对应的引脚是P33。

③ void wb0（ ）interrupt 0//中断函数。"wb0"是自己起的名字，外部中断0对应的中断函数序号是0。

④ 如果程序中"IT0=0；"，那么如果你一直按着按键，LED就会不断闪烁，程序因为不断检测到中断，就一直执行中断需要执行的程序。如果程序中"IT0=1；"，那么一直按着按键，LED只闪烁一次（一直按着按键，电平从高到低只变化一次，只中断了一次，所以LED只闪烁一次）。

4. 面包板制作展示

见图3-14-3。

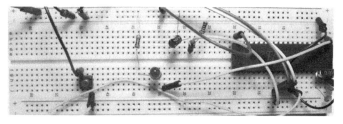

图3-14-3 "外部中断LED闪烁"面包板制作展示

第十五节　跳动的心

8×8点阵屏可以显示简单的图形符号，还记得前面显示心形图案吗？将你的大作呈现在小伙伴面前，是不是很得意呢？

儿子：小伙伴看到这个制作，都很好奇，咱们能不能让它跳起来，更有动感呢？

父亲：跳动的心，很有创意。有创意就要付出行动。一起学习吧！

首先设计两幅心形图案，如图3-15-1、图3-15-2所示。

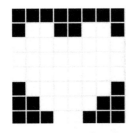

图3-15-1　实"心"图案一

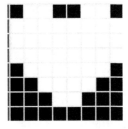

图3-15-2　实"心"图案二

如果在程序中设计上1秒中显示图案一，下1秒显示图案二，不停循环显示，是不是看到的就是一颗跳动的心呢？电路参照图3-13-5。

1.　程序设计（3.15.1）

```
#include <reg52.h>//头文件
#define uchar unsigned char
#define uint  unsigned int
uchar table[ ]={0x01,0x02,0x04,0x08,0x10,0x20,0x40,0x80};//P0
//uchar table1[ ]={0xFF,0x99,0x66,0x7E,0x7E,0xBD,0xDB,0xE7};//P1  心形图案
uchar table11[]={0xFF,0x99,0x00,0x00,0x00,0x81,0xC3,0xE7};
//uchar table2[ ]={0x99,0x66,0x7E,0x7E,0xBD,0xDB,0xE7,0xFF};//P1  心形图案
上移
uchar table22[]={0x99,0x00,0x00,0x00,0x81,0xC3,0xE7,0xFF};
uchar i,num;//定义变量
/*延时函数*/
void delay(uint a)
    {
    while(a--);
```

```
    }
/*主函数*/
void  main( )
    {
    TMOD=0X01;//0000 0001//定时器0工作方式1
    TH0=0X3C;//装入初值, 50ms
    TL0=0XB0;//装入初值
    EA=1;//打开总中断开关
    ET0=1;//打开定时器0中断开关
    TR0=1;//启动定时器0
    while(1)
        {
          if(num>=0&&num<=20)
        {
         for(i=0;i<8;i++)
        {
        P0=table[i];
        P1=table11[i];
          delay(30);
        }
        P1=0xff;
          }
        if(num>20&&num<=40)
        {
        for(i=0;i<8;i++)
        {
        P0=table[i];
        P1=table22[i];
          delay(30);
        }
        }
      }
     }
  }
void timer0 ( )interrupt 1     //中断函数
{
 TH0=0X3C;//装入初值
 TL0=0XB0;//装入初值
 num++; //变量累加
 if(num>40)
        {
        num=0;
        }
}
```

2. 程序解释

if（num>=0&&num<=20）

"&&"表示逻辑与，num>=0&&num<=20的含义是num>=0与num<=20同时满足，才能执行"{}"中的语句。

激动人心的时刻即将到来，下载程序，跳动的心呈现在眼前。采用table1与table2是空心跳动的心，采用table11与table22是实心跳动的心。

3. 面包板电路制作展示

如图3-15-3所示。

图3-15-3　"跳动的心"面包板制作展示

第十六节　最简单的时钟

如果自己能设计一个时钟，说明你单片机已经初步掌握了，仔细想一想制作时钟都需要什么硬件，程序如何编写。

　父亲：时钟都需要什么元件呢？

　儿子：时钟就是表，需要显示小时与分钟，各需要两位数码管显示，需要一个四位的数码管；需要矫正时间，离不开按键；到了整点能提示，就离不开蜂鸣器或者喇叭；再就是单片机。

　父亲：说的不错，一起设计时钟程序。

需要注意原理图中元器件图形符号只是示意，并不一定与实物外观相似。最简单时钟采用共阳数码管，三极管驱动位码。

1. 电路

如图3-16-1所示。

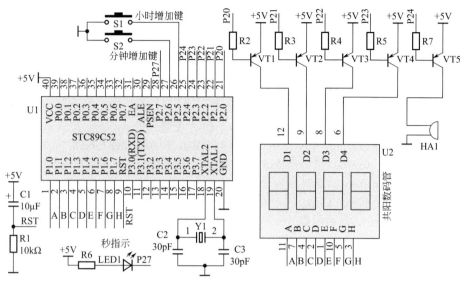

图3-16-1　最简单时钟（三极管驱动）电路图

2. 元器件清单

序号	名称	标号	规格	备注
1	单片机最小系统			
2	电阻	R2～R5	1kΩ	
3	电阻	R6	470Ω	
4	电阻	R7	1kΩ	
5	发光二极管	LED1	5mm	颜色随机
6	三极管	VT1～VT5	8550	
7	数码管	U2	0.56四位一体	
8	蜂鸣器	HA1	有源	
9	微动开关	S1-S2	两脚	

3. 程序设计（3.16.1）

```
#include <reg52.h>// 头文件
#define uchar unsigned char//宏定义
#define uint  unsigned int//宏定义
sbit HOU_S=P2^0;//时十位位选
sbit HOU_G=P2^1;//时个位位选
sbit MIN_S=P2^2;//分十位位选
```

```c
sbit MIN_G=P2^3;//分个位位选

sbit KEY_H=P2^5;  //时调整键///
sbit KEY_M=P2^6;  //分调整键///
sbit LED =P2^7;   //秒点
sbit spk=P2^4;//  蜂鸣器接口////
uchar second,minute,hour;//定义秒、分、时、 变量
uchar code LEDTab[]={0xC0,0xF9,0xA4,0xB0,0x99,0x92,0x82,0xF8,
            0x80,0x90,0x88,0x83,0xC6,0xA1,0x86,0x8E}; //共阳数码管编码
void delay(uchar a);//延时函数
void init( );//初始化函数
void display( );//显示函数

void min_tiao();//分调整函数///
void hour_tiao();//时调整函数///

void main( )//主函数
{
 init( ); //调用初始化函数
 while(1) //主程序循环
 {
  display( );//调用显示函数
  hour_tiao( );//调用时调整函数///
  min_tiao( );//调用分调整函数///
    if(second==0&&minute==0)spk=0;  //整点报时
  if(second==1)spk=1;//关闭整点报时的条件
 }
}
void init( )//初始化函数
{
    TMOD=0x01;//设置定时器0为工作方式1（M1M0为01）
    TH0=0X3C;//65536-50000=15536(十进制)=3CB0(十六进制) //50毫秒
    TL0=0XB0;
    EA=1;//开总中断
     ET0=1;//开定时器0中断
    TR0=1;//启动定时器0
}
void display( )//延时函数
{
```

```
    P1=LEDTab[minute%10];//分个位送数码管显示
    MIN_G=0;//打开分个位位选 选用三极管8550推动
    delay(1);//显示1毫秒
    MIN_G=1;//关闭分个位位选

    P1=LEDTab[minute/10];//分十位送数码管显示
    MIN_S=0;//打开分十位位选
    delay(1);//显示1毫秒
    MIN_S=1; //关闭分十位位选

    P1=LEDTab[hour/10];//时十位送数码管显示
    HOU_S=0; //打开时十位位选
    delay(1);//显示1毫秒
    HOU_S=1;//关闭时十位位选

    P1=LEDTab[hour%10]; //时个位送数码管显示
    HOU_G=0;           //打开时个位位选
    delay(1);         //显示1毫秒
    HOU_G=1;          //关闭时个位位选
}

void delay(uchar a)//延时函数
{
  uint i,j;
  for(j=a;j>0;j--)
    for(i=110;i>0;i--);
}
void min_tiao()//调整分///
{
  if(KEY_M==0)//判断调整分钟的按键是否按下
    {
      delay(20);//延时20ms 防抖
      if(KEY_M==0)//再次判断调整分钟的按键是否按下
        {
        second=0;//调整分时秒为0
        minute++; //分钟加
          if(minute==60)//判断分钟是否到60
            minute=0; //分变为0
        }
```

```
        while(KEY_M==0)display( );//等待按键释放  加上display( )再调整分，
                                  照常显示
      }
}
void hour_tiao()//调整时///
{
  if(KEY_H==0)//判断调整小时的按键是否按下
    {
      delay(20);//延时20ms 防抖
      if(KEY_H==0)//再次判断调整分钟的按键是否按下
        {
        second=0;//调整时，秒为0
        hour++;//小时加
          if(hour==24)//判断小时是否到24
          hour=0;
        }
        while(!KEY_H)display( );//等待按键释放  加上display( )再调整时，照常
                                显示
    }

}
void timer0( ) interrupt 1 //定时器0中断1
{
    uchar count1,count2;//定义临时变量
    TL0=0XB0;//重装初值
   TH0=0X3C;
    count1++; //每中断1次加1
  if(count1==10) //中断10（0.5秒）//50ms×10=500ms=0.5s
   {
        LED=~LED;          //LED闪烁，模拟秒点
        count1=0;//清零
    count2++;// count2加1
    if(count2==2) //1s
     {
      count2=0;//count2清零
      second++; //秒变量加1
      if(second==60) //如果秒变量为60
        {
        second=0;//秒变量变0
```

```
            minute++; //分加1
            if(minute==60)//如果分变量为60
              {
                minute=0;//秒变量变0
                hour++; //时变量加1
                if(hour==24) //如果时变量到24
                    hour=0; //时变量变0
              }
          }
        }
      }
    }
```

4. 程序解释

①"minute/10"，分解分钟十位；"minute%10"，分解分钟各位。

②"MIN_G=0；"，三极管采用8550，属于PNP三极管，MIN_G=0，即P23=0，而P23接三极管基极，三极管导通选通第四位数码管。

③"&&"是逻辑与运算符，与"并且"相似，也就是需要几个条件同时成立，逻辑与的运算结果才为"真"。

"if（second==0&&minute==0）spk=0；"秒与分同时为0，蜂鸣器才能工作。

儿子：只有整点，分钟与秒才能同时为零。

父亲：是的，上面的语句是让整点蜂鸣器工作，但是我们的意愿一定不是让蜂鸣器一直工作，还需要过一段时间停止，所以还需要蜂鸣器停止的语句。

if（second==1）spk=1；//关闭整点报时，蜂鸣器工作1秒。

儿子：晚上能不能关断整点报时。

父亲：当然可以，可以设计早上7点至晚上22点报时，其他时间不报。语句如下。

if（hour>=7&&hour<=22&&second==0&&minute==0）spk=0；//有条件的整点报时

④if（minute==60）//如果分变量到60

```
                {
            minute=0;//秒变量变0
            hour++; //时变量加1
            if(hour==24) //如果时变量到24
                hour=0; //时变量变0
                }
```

分钟最大是59，小时最大是23，所以"if(minute==60)minute=0;"
"if(hour==24) hour=0;"

5. 面包板制作展示

搭建三极管驱动，如图3-16-2所示。

搭建蜂鸣器以及秒闪烁电路，如图3-16-3所示。

整体布局图如图3-16-4所示。

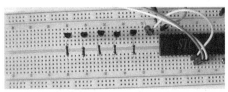

图3-16-2 搭建三极管驱动

图3-16-3 蜂鸣器以及秒闪烁电路

图3-16-4 "最简单时钟"面包板展示

6. 装配图

图3-16-5所示。

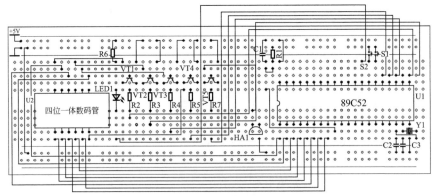

图3-16-5 装配图

第十七节 驱动器芯片74LS245

74LS245是驱动芯片，主要作用是提高单片机I/O的驱动能力，犹如三极管放大电流，如图3-17-1所示。

74LS245图形符号见图3-17-2，用IC表示。

图3-17-1 74LS245

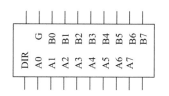

图3-17-2 74LS245图形符号

第10引脚接负极，第20引脚接电源VCC。19脚是使能端子，低电平有效，"DIR"是传输信号方向控制端子，当"DIR=0"时，信号由B向A传输，当"DIR=1"时，信号由A向B传输。上节最简单时钟中，位码是用三极管驱动的，既然74LS245功能与三极管一样，我们尝试用74LS245代替三极管，制作最简单时钟硬件电路。

1. 电路

如图3-17-3所示。

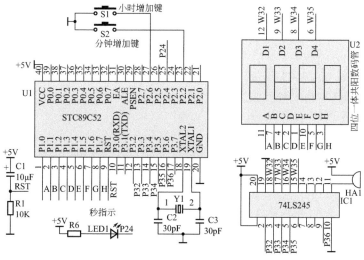

图3-17-3 74LS245驱动数码管

2. 元器件清单

序号	名称	标号	规格	备注	序号	名称	标号	规格	备注
1	单片机最小系统				5	蜂鸣器	HA1	有源	
2	发光二极管	LED1	5mm	颜色随机	6	微动开关	S1-S2	两脚	
3	电阻	R6	470Ω		7	集成块	IC1	74LS245	
4	数码管	U2	0.56四位一体						

3. 程序设计

参考前一节。需要注意：

① 按键、LED、蜂鸣器接口以及数码管位码定义与前一节不同，需在程序中相应修改。

② 在显示函数中，单片机赋予位码的高低电平与前一节程序中相反。

这里只提供显示函数程序。

```
void display( )//延时函数
{
    P1=LEDTab[minute%10];//分个位送数码管显示
    MIN_G=1;//打开分个位位选
    delay(1);//显示1毫秒
    MIN_G=0;//关闭分个位位选
    P1=LEDTab[minute/10];//分十位送数码管显示
    MIN_S=1;//打开分十位位选
    delay(1);//显示1毫秒
    MIN_S=0; //关闭分十位位选
    P1=LEDTab[hour/10];//时十位送数码管显示
    HOU_S=1; //打开时十位位选
    delay(1);//显示1毫秒
    HOU_S=0;//关闭时十位位选
    P1=LEDTab[hour%10]; //时个位送数码管显示
    HOU_G=1;          //打开时个位位选
    delay(1);         //显示1毫秒
    HOU_G=0;          //关闭时个位位选
}
```

4. 面包板制作展示

如图3-17-4所示。

图3-17-4 "74LS245驱动数码管"面包板制作展示

第十八节 DIY声光报警数字温度计

早期的温度计都以刻度形式表示，比如水银温度计，随着科技的发展，热电偶温度计曾经占据测温市场，如今数字化时代到来，采用数字化温度传感器，用单片机进行数据采集与显示，声光报警处理，不仅简化电路，测温精度高，而且响应非常迅速，广泛应用于工业生产及日常生活中。

一、温度传感器

采用DALLAS公司生产的传感器，型号为DS18B20，一总线结构，外围电路非常简洁。

1. DS18B20外观及引脚功能

外观与前面介绍的8550三极管相似，也是三个引脚。如图3-18-1所示。引脚排列如图3-18-2所示。GND为电源地，DQ为数据输入/输出，VDD（VCC）为电源输入端。

图3-18-1　DS18B20

图3-18-2　DS18B20引脚排列示意图

2. 常见接线方式

DS18B20图形符号见图3-18-3，用U表示。

由于DS18B20温度传感器本身没有输出高电平的能力，在单片机读取"1"（即高电平）时，必须使用其他方式，一般在信号输入/输出端子DQ接一个上拉电阻，上拉电阻的典型阻值为4.7kΩ。如图3-18-4所示。

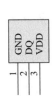

图3-18-3　DS18B20图形符号

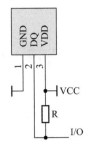

图3-18-4　DS18B20典型接法

二、显示以及报警

采用0.56英寸四位一体共阴红色数码管，实时显示环境温度。

如果环境温度低于10℃，黄色发光二极管点亮，同时蜂鸣器工作。

如果环境温度高于30℃，红色发光二极管点亮，同时蜂鸣器工作。

在10～30℃时，两个发光二极管都熄灭，蜂鸣器不工作。

报警部分程序见图3-18-5。自己可以修改温度上限值与下限值。

```
/* 温度比较声光报警*/
if((temp<=10)&&(temp>=1))
  {
  H=1;
  spk=0;L=0;
  delay1(250);
  spk=1;L=1;
  delay1(250);
  }//小于10
if((temp>10)&&(temp<30)) {L=1;H=1;}//在10～30都不亮
if((temp>=30)&&(temp<=100))
{
  L=1;
  spk=0;H=0;
  delay1(500);
  spk=1;H=1;
  delay1(500);
}//大于30
```

图3-18-5　报警部分程序

三、声光报警数字温度计电路原理图

为了简化电路绘制，同时电路图简洁美观，采用网络标号绘制，相同网络标号，代表是连接在一起的。如图3-18-6。

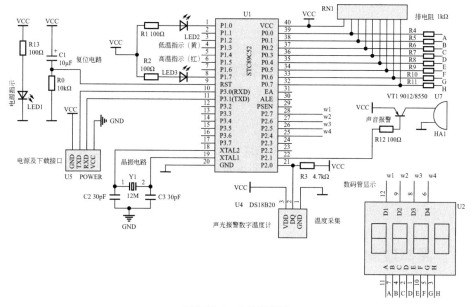

图 3-18-6　电路原理图

四、焊接成品展示

图3-18-6中各部分功能电路已标注，读者可以自己设计布局，打造属于自己的数字温度计。焊接完好成品如图3-18-7，显示房间温度是25℃。

图3-18-7　DIY声光报警数字温度计成品

第十九节　DIY智能测距报警系统

目前常用的有雷达测距，超声波测距，前者是无线电波（广泛用在家用汽车），后者是声波，两者测量精度有所不同。本节采用超声波模块，以及性价比高的单片机STC89C52RC，DIY一款智能报警测距系统，传统测距系统仅声音提示，本制作具备声音提示、发光二极管提示（亮的越多，距离越近）的功能，还可以数码管实时显示被测距离。

一、超声波测距原理浅析

超声波是一种振动频率超过20kHz的机械波，沿直线方向传播，传播的方向性好，传播的距离也较远，在介质中传播时遇到障碍物就会产生反射波。由于超声波的以上特点，所以超声波被广泛地应用于物体距离的测量。

当进行测距时，由安装在同一水平线上的超声波发射器和接收器完成超声波的发射与接收。发射超声波的同时启动单片机定时器进行计数，当接收探头收到反射波后立刻反馈给单片机，定时器准确的记录下了超声波发射点至障碍物之间往返传播所用的时间 t（秒）。在常温下超声波在空气中的传播速度大约为340m/s（米/秒），我们可以得出障碍物到发射探头之间的距离为：$S=340×t/2=170×t$。单片机计算处理并实时在数码管上显示被测的距离。

二、HC-SR04超声波模块简述

HC-SR04超声波模块上面设计有超声波发射、接收探头、信号放大集成电路等，直接采用模块，简化了设计电路。

（1）模块正面与反面

如图3-19-1所示。

模块共四个引脚，VCC为5V供电，Trig为触发信号输入，Echo为回响信号输出，GND为电源地。

（2）超声波时序

如图3-19-2所示。

图3-19-1　超声波模块

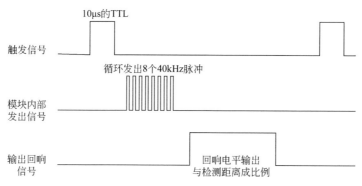

图3-19-2　超声波时序图

从上图可以看出，只要单片机给超声波模块Trig引脚10μs（微秒）以上的脉冲触发信号，模块内部自动发送8个40kHz的脉冲，一旦检测到反射信号，即输出回响信号（Echo引脚），回响信号脉冲宽度与被测的距离成正比。

（3）使用模块注意事项

被测物理面积不小于0.5平方米，并且表面平整，否则影响被测距离的精度。

测量周期60ms以上，避免发射信号影响回响信号。

三、智能测距报警系统

系统方框如图3-19-3所示。

图3-19-3　系统方框图

1. 超声波模块系统

前面提到采用HC-SR04超声波模块，模块与单片机连接，只需两个I/O，本制作中该模块Trig，Echo引脚，分别与单片机P21，P20连接。

2. 发光二极管以及声音报警系统

设计4个发光二极管报警。发光二极管指示如下（距离可以在程序中修改。

当1m<*S*<1.5m时，第一个发光二极管亮起。

当0.8m<*S*<1m时，第一，二个发光二极管亮起。

当0.5m<*S*<0.8m时，第一，二，三个发光二极管亮起。

当*S*<0.5m时，第一，二，三，四个发光二极管亮起。同时蜂鸣器发声。

报警程序如下。

```
if(S>=150&&<700)//在1.5m至7m蜂鸣器及发光二极管led1～led4不动作
 {
 beep=1;
 led1=1; led2=1; led3=1; led4=1;
 }
 if(S>=100&&S<150)   //小于1.5m   led1亮
 {
   beep=1;
 led1=0; led2=1; led3=1;led4=1;
 if(S>=80&&S<100)   //小于1m   led1   led2亮
 {
   beep=1;
 led1=0; led2=0; led3=1; led4=1;
 }
   if(S>=50&&S<80)   //小于0.8m   led1   led2   led3亮
 {
 beep=1;
 led1=0; led2=0; led3=0; led4=1;
 }
   if(S<50)              //小于0.5m   led1   led2   led3   led4亮   蜂鸣器 响起
 {led1=0; led2=0; led3=0; led4=0; beep=0;}
```

3. 显示系统

显示系统采用四位一体0.56共阳红色数码管，四个三极管（8550）驱动。数码管前三位显示被测数值，数码管最后一位显示H代表测距。

四、原理图

采用网络标号绘制。如图3-19-4所示。

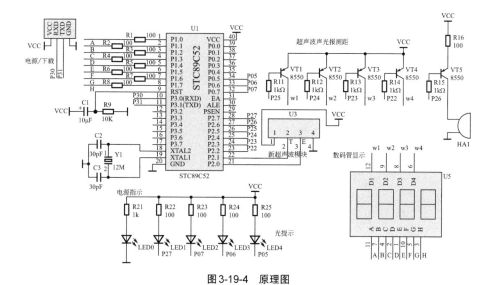

图 3-19-4　原理图

五、制作成品展示

如图 3-19-5。

图 3-19-5　成品展示

焊接入门

在面包上按照设计搭建出电子电路，经过调试无误，下一步就要成为真正电子产品，在洞洞板或者PCB板上焊接元器件。

第一节 焊接必备工具

一、电烙铁

电烙铁主要是焊接元器件与导线。电子制作中常见的电烙铁是外热式，常见的外热式电烙铁如图4-1-1所示。

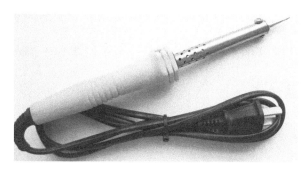

图4-1-1 电烙铁

电烙铁的功率有20W、25W、30W、45W等，焊接小元器件采用35W以下。如果选择电烙铁瓦数过低，焊锡不易熔化，像豆腐渣一样，容易引起虚焊；瓦数过高，容易损伤电子元器件，同时焊锡的流动变大，容易引起相邻引脚焊接在一起，以及短路故障。

电烙铁在不使用时需要切断电源，避免时间过长引起电烙铁加热芯烧坏；电烙铁头长时间加热而氧化，引起不上锡。可以到市面上购买电褥子开关，将它串联在电烙铁电源线中，它有高低挡之分，在高挡时220电压全部供给，在低挡时约110V供给，暂时不用电烙铁时，将开关打到低挡。电褥子开关外观以及内部电路，如图4-1-2所示。

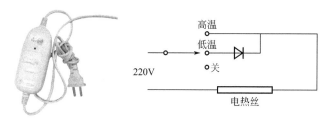

图4-1-2 电褥子开关及其内部图

对于温度以及静电要求较高的环境下，需要使用焊台，它可以控制烙铁头的温度，如图4-1-3。

在临时不需要焊接时，需要将电烙铁放在烙铁架上，以免烫伤或者引起火灾。如图4-1-4。

图4-1-3　焊台

图4-1-4　烙铁架

二、焊锡丝与松香

1. 焊锡丝

焊锡是由60%的锡与40%的铅组成。在焊接电子元件时，电烙铁温度将焊锡丝熔化，焊锡丝以作为填充物的金属加到电子元器件的表面和缝隙中，起固定电子元器件的作用。常见的焊锡丝，如图4-1-5。

由于焊锡丝中含有铅，铅是有毒的，在焊接时皮肤有可能会接触到铅，在焊接完毕需要及时洗手、洗脸。在焊接时，要保持工作环境良好通风，可以轻吹焊接部位，让烟气远离你，因为这些烟气中含有对你身体危害的物质。

2. 松香

松香是最常用的助焊剂，它是中性的，不会腐蚀电路元件和烙铁头。松香如图4-1-6。

图4-1-5　焊锡

图4-1-6　松香

在焊接时，用电烙铁头点一下松香，松香瞬间融化，说明温度合适，可以焊接。

新购回的电烙铁需要在烙铁头上镀一层焊锡，才能使用，否则是无法焊接的。具体方法如下：

① 将电烙铁通电加热，待温度升高后，电烙铁头反复在松香中浸泡，去除氧化物。如图4-1-7。

② 将电烙铁从松香中去除，焊锡丝放在烙铁头上，焊锡丝熔化均匀地涂在烙铁头上。插图4-1-8。

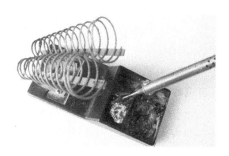 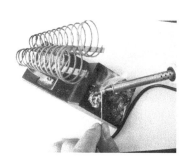

图4-1-7　新烙铁去除氧化物　　　　　图4-1-8　新烙铁上锡

三、镊子与斜口钳

1. 镊子

镊子是电子制作中经常使用的工具，可以用它夹持导线、元件、集成块等。还可以用镊子将元器件引脚整形，以便元器件插入电路板中。镊子外观如图4-1-9。

2. 斜口钳

又名剪线钳，在电子制作中主要作用是将剪断元器件引脚以及其他金属丝。外观见图4-1-10。

 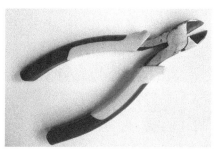

图4-1-9　尖嘴镊子　　　　　　　图4-1-10　斜口钳

第二节　焊接基础及洞洞板焊接

　　采用电烙铁手工焊接并不难，需要大家勤学苦练，焊接是基本功，熟能生巧，需要大家多动手，掌握焊接要领。

　儿子：焊接中需要用到焊锡、松香、电烙铁等，如何更好地操作？

　父亲：以在洞洞板上焊接一个电阻为例，将元件插入到电路板（洞洞板或者PCB），见图4-2-1；焊接面朝上，见图4-2-2；左手拿焊锡丝，右手持电烙铁（握笔状），见图4-2-3；电烙铁头紧贴元件引脚与焊盘，焊锡丝经电烙铁头熔化后，呈流动状态充满焊孔以及引脚周围，见图4-2-4；拿走焊锡丝，并且迅速提起电烙铁，形成一个饱满而圆滑的焊点，在电烙铁刚离开焊点时，由于焊锡没有冷却凝固，因此电路板暂时不要移动，以免焊锡没有充分凝固而产生虚焊。

图4-2-1　元件引脚插入洞洞板

图4-2-2　洞洞板背面（焊接面）

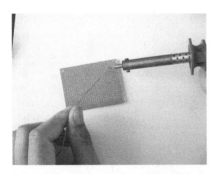

图4-2-3　电烙铁握笔状，左手焊锡丝

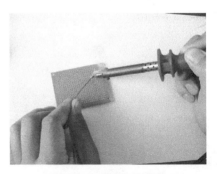

图4-2-4　焊接元件引脚

以上步骤控制在3 ～ 5s，如果时间过长，有可能损坏元器件。

在焊接集成块时，电烙铁的感应电压有可能损坏元件，需要将电烙铁外壳可靠接地，或者断电利用电烙铁的余热焊接，这点一定要注意。

一、洞洞板

如图4-2-5所示。

洞洞板也叫万能电路板、万用板、实验板、通用电路板，可以按照自己的意愿在上面焊接元器件及其导线，板上布满标准间距为2.54mm的圆形独立的焊盘，看起来整个板子上都是小孔，所以称为"洞洞板"。相比PCB印刷电路板，洞洞板具有成本低、使用方便、扩展灵活等特点。

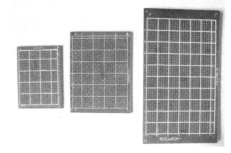

图4-2-5　洞洞板

二、导线

在洞洞板上，焊接电路，不可避免需要用到连接导线，导线分为单股与多股，如采用多股导线需要进行以下处理，裁剪不同的尺寸，将导线两边去皮上焊锡，具体步骤如下。

① 用斜口钳（有条件的可以购买剥线钳）将导线两边的绝缘去掉3 ～ 5mm。见图4-2-6。

② 将多股铜丝拧在一起成麻花状。见图4-2-7。

图4-2-6　导线两端绝缘去掉

图4-2-7　多股铜丝拧成麻花状

③ 在松香中去除氧化物，两边上焊锡。见图4-2-8

图4-2-8　导线上锡

尽量采用单股硬导线，多股导线焊接后电路看起来比较凌乱。洞洞板的焊接很灵活，找到适合自己的焊接方法。

三、第一个作品——简单串并联

1. 电路

如图4-2-9所示。

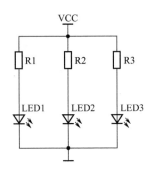

图4-2-9 "简单串并联"电路图

2. 元器件清单

序号	名称	标号	规格	备注
1	电源	VCC	3V	2节5号电池
2	电阻	R1～R3	100Ω	
3	发光二极管	LED1～LED3	5mm	红绿黄各一
4	洞洞板		5×7cm	

3. 焊接步骤

一个布局完美的电路是视觉的享受，在洞洞板上先用铅笔勾勒出元器件位置，如图4-2-10所示，做到间隔均匀，应布局合理。根据电路板的大小以及个人的审美观而定，元器件可以采用卧式或者立式，但是在一个电路板中应采用一种方式。

① 先焊接体积小，个头低的元件，电阻采用卧式。如图4-2-11所示。

图4-2-10 规划元件的位置

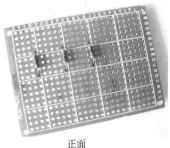

正面　　　　　　　　　　　　　背面

图4-2-11　焊接电阻

② 焊接个头大的元件，见图4-2-12。

③ 充分利用元器件引脚连接电路。

④ 焊接电池盒，见图4-2-13。

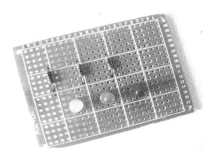

图4-2-12　焊接LED

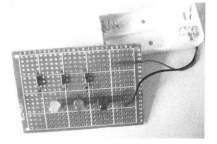

图4-2-13　焊接电池盒

⑤ 剪掉多余的引脚，测试，见图4-2-14。

⑥ 通电测试，如图4-2-15所示。

图4-2-14　剪掉多余的引脚

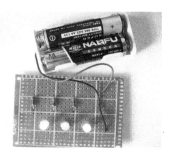

图4-2-15　通电测试

 注意

　　在剪多余的引脚时，用手指扶住引线或者遮住，以免剪断的引脚飞溅引起伤害。

电阻采用立式焊接该电路，见图4-2-16。

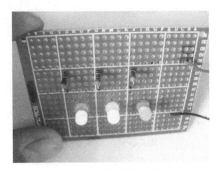

图4-2-16　电阻采用立式焊接

四、第二个作品——人体感应报警器

1. 电路

如图4-2-17所示。采用高性能单片机，内部振荡，内部复位，外围电路非常简洁。

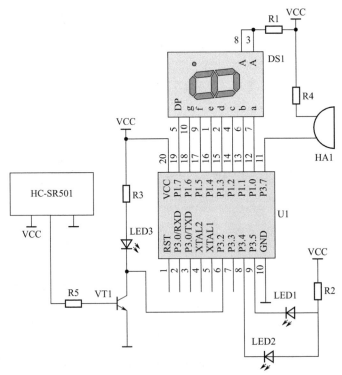

图4-2-17　人体感应报警器电路图

（1）热释电红外感应模块HC-SR501。它的外观如图4-2-18所示。

正面　　　　　　　　　　　　反面

图4-2-18　HC-SR501

　　人体恒定的体温一般在37℃，所以会发出特定波长10μm左右的红外线，红外线通过菲尼尔滤光片增强后聚集到红外感应源上，红外感应源通常采用热释电元件，在接收到人体红外辐射温度发生变化时就会失去电荷平衡，向外释放电荷，经检测处理后输出信号。

　　模块引脚功能如图4-2-19。

　　模块上面有两个可调电阻，用于调整延时时间以及灵敏度，见图4-2-20。

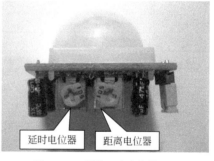

图4-2-19　热释电红外感应模块引脚功能示意图　　　图4-2-20　模块两个电位器展示

　　当模块探测到人体时，输出脚为高电平。

　　（2）芯片座。使用集成块芯片座，可以方便更换集成块，同时在焊接时先焊接芯片座，完毕再插入集成块，可以避免在焊接过程中损坏集成块。

　　常见的芯片座有8P、14P、16P、18P、20P、28P、32P、40P。图4-2-21展示的是20P芯片座。

　　（3）STC11F04E。它是一块20脚单片机，有15个I/O，见图4-2-22。

图4-2-21　20P芯片座　　　　　　图4-2-22　STC11F04E单片机

（4）插孔以及圆孔。刚开始学习焊接的同学，最好先焊上插孔（用于模块）以及圆孔（用于数码管），以避免模块以及数码管在焊接时候损坏。插孔见图4-2-23，圆孔见图4-2-24。

图4-2-23　插孔

图4-2-24　圆孔

2. 元器件清单

序号	名称	标号	规格	备注
1	电源	VCC	4.5V	3节7号电池
2	电阻	R1～R3	470Ω	
3	电阻	R4	100Ω	
4	电阻	R5	1kΩ	
5	发光二极管	LED1	5mm	红
6	发光二极管	LED2～LED3	5mm	红绿各一
7	三极管	VT1	8050	
8	洞洞板		5×7cm	
9	芯片座		20P	
10	单片机	U1	STC11F04E	
11	数码管	DS1	0.56	共阳一位
12	红外感应模块		HC-SR501	
13	蜂鸣器		有源	
14	插孔		3P	插HC-SR501
15	插针		4P	供电只需2P
16	圆孔		10P	插数码管

3. 一起来分析

当感应到信号后，输出高电平至三极管VT1的基极，VT1导通，LED3点亮，指示模块输出信号，该高电平信号经过三极管倒相后，集电极输出低电平，加至单片机外部中断0（单片机内部已经下载好程序）。数码管显示红外模块工作次数，目前采用一位数码管，刚开机时显示"0"，累计到"9"后清零。

热释电红外模块触发后，两个发光二极管LED1、LED2轮流闪烁，同时有源蜂鸣器发声提醒。

喜欢制作的朋友可以在设计的基础上，加上继电器等，功能更加强大。

4. 焊接

（1）焊接芯片座。以芯片座为中心，在周围焊接元器件。见图4-2-25。

（2）分别焊接电阻、LED、蜂鸣器、三极管、数码管后的效果图见图4-2-26。

（3）焊接模块插孔，见图4-2-27。

图4-2-25　焊接芯片座

图4-2-26　焊接效果图

图4-2-27　焊接模块插孔

（4）焊接供电插针，见图4-2-28。

（5）安装模块、数码管、单片机，见图4-2-29。

（6）通电测试，见图4-2-30。

图4-2-28　焊接供电插针

图4-2-29　安装模块、
数码管、单片机

图4-2-30　通电测试

洞洞焊接技巧

刚开始学习焊接时，容易发生元器件引脚焊点短路，导致制作失败，在焊接时一定要认真，右手持电烙铁一定要稳定，不能摇晃；在焊接前初步计划元器件布局，如何能连线更少，做到心中有数，如需连线，不要急于剪断元器件引脚，尽量采用元器件引脚多余的引线来跨接；采用集成块的电路板，可以在芯片座下方隐藏一部分元器件，电路板看起来更美观。

在DIY失败时的检查步骤：检查有极性的元件引脚是否焊接错误；检查连接导线有无"牛头不对马尾"；焊点有无虚焊；检查电源电压是否正常。

第三节　PCB焊接

PCB（Printed Circuit Board，印刷电路板），如图4-3-1所示，是使设计的产品量产必须用到的电路板，表面有焊盘以及元器件封装丝印，并且按照电路设计元器件引脚用铜箔连接起来，代替导线。绘制PCB需要用到protel99、AD9等软件，有兴趣的同学可以自学这方面的软件。

PCB焊接注意事项如下。

① 元器件引脚整形，使其引脚间距与PCB板对应的焊盘间距一致。

② 元器件插装顺序是先低后高、先小后大原则。

③ 有极性的元器件需要按照图纸安装。

图4-3-1　PCB

一、PCB第一个作品——声控旋律灯

1. 电路图

见图4-3-2。

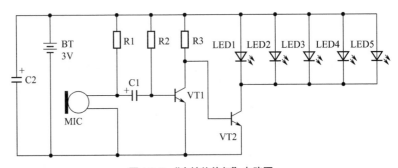

图4-3-2　"声控旋律灯"电路图

2. 元器件清单

序号	名称	标号	规格	备注
1	电源	VCC	3V	2节5号电池
2	电阻	R1	4.7kΩ	

序号	名称	标号	规格	备注
3	电阻	R2	1MΩ	
4	电阻	R3	10kΩ	
5	三极管	VT1 ～ VT2	9014	或8050
6	发光二极管	LED1 ～ LED5	5mm	
7	PCB			
8	电容	C1	1μF	
9	电容	C2	47μF	
10	驻极体话筒头	MIC		

3. PCB

见图4-3-3。

4. 一起来分析

原理见第一章。

5. 焊接步骤

（1）分别焊接电阻、三极管、LED、电容后的效果见图4-3-4。

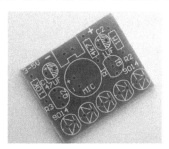

图4-3-3　"声控旋律灯"PCB　　　　　图4-3-4　分别焊接元件

（2）焊接驻极体话筒头见图4-3-5。

（3）焊接电池盒见图4-3-6。

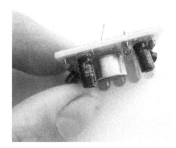

图4-3-5　焊接驻极体话筒头　　　　　图4-3-6　焊接电池盒

儿子：终于焊完了，赶快安装电池看效果吧，都等不急了！

 父亲：好的，安装两节5号电池，通电实验。

儿子：为什么LED的亮度很低，并且有一个不亮呢？

父亲：发现问题是好事，最重要的是解决问题，亮度低是不是电池没有电呢？

儿子：电池是新的，并且用万用表测试电压很足，是不是电路焊错呢？

父亲：由于疏忽，在焊接中有可能元件引脚插错，导致电路制作失败，仔细瞧一瞧刚焊接的制作吧！

儿子：我发现两个问题，你看对吗？如图4-3-7、图4-3-8所示。

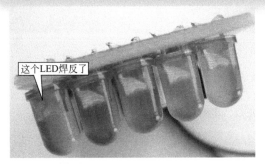

图4-3-7　LED极性焊接错误

图4-3-8　三极管焊反

　　需要将焊接错误的LED以及三极管从PCB上拆下，可以用电烙铁加热LED的引脚，慢慢拔出，如果操作有困难，不要着急，救命稻草来了——吸锡器，外形如图4-3-9所示。

　　使用方法就是用电烙铁将锡熔化，然后将吸锡器对准焊点，迅速按动开关，将焊锡吸走。见图4-3-10。

图4-3-9　吸锡器

图4-3-10　使用吸锡器吸走焊锡

二、PCB第二个作品——幸运转盘

　　幸运转盘就是预测旋转中的LED停止时，到底会停在哪个位置的工具。当按一下按键后，每只LED顺序轮流发光，开始的时候流动速度很快，看起来所有的LED像全部一起闪烁，流动速度会越来越慢，最后停在某一只LED上不再移动。若最后发亮那个LED与你预测的相同，则表示你"中奖"了。

1. 电路

如图4-3-11所示。

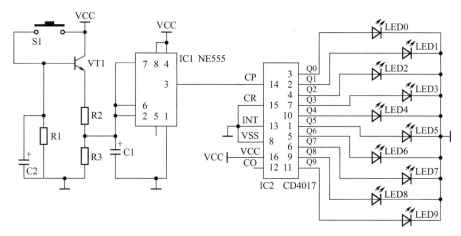

图4-3-11 "幸运转盘"电路图

2. 元器件清单

序号	名称	标号	规格	备注
1	电阻	R1	470 kΩ	
2	电阻	R2	10 kΩ	
3	电阻	R3	470 kΩ	
4	发光二极管	LED0 ～ LED9	5mm	颜色随机
5	电容	C1	1μF	
6	电容	C2	47μF	
7	集成块	IC1	NE555	
8	集成块	IC2	CD4017	
9	三极管	VT1	9014	或8050
10	微动开关	S1	四脚	
11	电源		3 ～ 4.5V	电池盒
12	PCB			
13	芯片座		8P	
14	芯片座		16P	

3. PCB

如图4-3-12所示。

图4-3-12　"幸运转盘" PCB

4. 一起来分析

在图4-3-11中，当按下按键S1时VT1导通，NE555的3脚输出脉冲，CD4017的10个输出端轮流输出高电平驱动10只LED轮流发光。松开按键后，由于有电容C2的存在，VT1不会立即截止，随着C2两端电压不断下降，VT1的导通能力逐渐减弱，3脚输出脉冲的频率变慢，LED移动频率也随之变慢。最终C2放电结束后，VT1截止，NE555的3脚不再输出脉冲，LED停止移动。

5. 焊接步骤

（1）焊接电阻见图4-3-13。
（2）焊接芯片座见图4-3-14。

图4-3-13　焊接电阻

图4-3-14　焊接芯片座

（3）焊接LED见图4-3-15。

正面　　　　　　　　　　　　　　反面

图4-3-15　焊接LED

（4）焊接电容见图4-3-16。

（5）焊接按键与三极管见图4-3-17。

图4-3-16　焊接电容　　　　　　　图4-3-17　焊接按键与三极管

（6）焊接电池盒见图4-3-18。

图4-3-18　焊接电池盒

三、PCB第三个作品——单片机电子琴（V50）

1. 电路图

如图4-3-19所示。

一起玩电子

电子制作入门、拓展全攻略

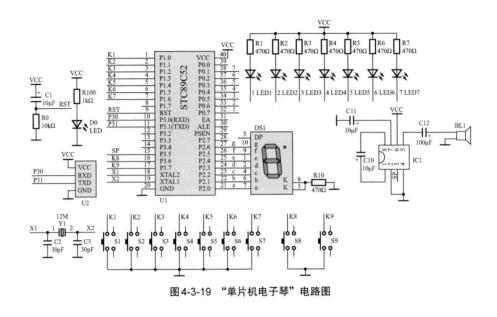

图4-3-19 "单片机电子琴"电路图

2. 元器件清单

尝试在图纸上标示。

3. PCB

如图4-3-20所示。

图4-3-20 "单片机电子琴" PCB

4. 一起来分析

主要采用程序来完成，内置歌曲，可以播放与独立弹奏，在弹奏时，数码管显示数字。播放歌曲时，按键旁的LED随着节奏点亮。

5. 焊接步骤

（1）焊接电阻。见图4-3-21。

（2）焊接芯片座。见图4-3-22。

图4-3-21　焊接电阻

图4-3-22　焊接芯片座

（3）焊接LED。见图4-3-23。

（4）焊接电容以及晶振。见图4-3-24。

图4-3-23　焊接LED

图4-3-24　焊接电容以及晶振

（5）焊接数码管及按键、扬声器、供电插针。见图4-3-25。

图4-3-25　焊接数码管及按键、扬声器、供电插针

附录 实验二维码

第一章 实验二维码

页码	实验名称	二维码	页码	实验名称	二维码	页码	实验名称	二维码
19	制作调光小台灯		50	遥控接收头初体验		75	双色闪烁LED	
20	两个LED明暗交替变化		52	声光提示遥控检测仪		77	电子门铃	
22	光控小夜灯		54	自制电量显示仪		81	音乐芯片初体验	
30	手指控制LED亮起来		63	温控声光报警		82	多路报警器制作	
34	电容充放电		65	模拟消防应急照明灯		84	干簧管控制LED	
42	高灵敏度手指开关		68	声控LED		85	干簧管初体验	
44	手动延时LED		72	高灵敏度声光控延时LED		86	开门报警器	
47	光控手动延时LED							

第二章　实验二维码

页码	实验名称	二维码	页码	实验名称	二维码	页码	实验名称	二维码
93	光耦好坏的判断		105	稳压电路一		120	译码器CD4511初体验	
94	停电报警器		106	串联型稳压		122	自动循环显示数字	
96	555无稳态		107	稳压电路三		125	分立元件制作功放	
98	555单稳态触摸延时		109	按键控制LED		127	LM386迷你小功放	
99	555遥控延时LED		112	自动循环流水灯		129	带电平指示的迷你功放	
100	555双稳态		113	利用CD4017设计遥控开关		132	触摸延时LED	
101	半波整流		114	自动弹奏电子琴		133	触摸开关	
103	桥式整流		117	简易调光台灯		135	CD4013遥控开关	

一起玩电子

电子制作入门、拓展全攻略

页码	实验名称	二维码	页码	实验名称	二维码	页码	实验名称	二维码
139	CD4069多谐振荡之二		157	LM393温控报警		170	单向可控硅调光台灯	
141	CD4069声光控延时LED		158	LM393电机过载保护		172	555断线报警器	
141	手动改变输出频率		162	可控硅一触即发		174	4N35开门报警器	
143	爆闪LED		163	遥控开灯电路		175	叮咚门铃	
144	变色LED		165	遥控开关灯电路		177	模拟电子琴	
146	光控闪烁LED		166	二极管桥堆的特殊应用		180	DIY数显可调稳压电源	
148	CD4011防盗报警器		167	触摸延时LED		182	DIY多功能数显可调稳压电源	
150	CD4011声光控延时LED		169	双向可控硅触摸开关		184	制作倍压电路	
153	视力保护仪							

第三章　实验二维码

页码	实验名称	二维码	页码	实验名称	二维码	页码	实验名称	二维码
200	单片机输出低电平点亮LED		225	数码管每秒间隔显示0-9		240	外部中断(IT0=1)	
202	单片机输出高电平点亮LED		228	一键无锁控制LED		242	跳动的心（空心）	
204	闪烁LED		230	一键自锁控制LED		242	跳动的心（实心）	
207	单片机控制双色闪烁LED		233	点阵屏点亮一个LED		244	最简单的时钟三极管驱动	
210	流星雨		234	点阵屏奇数行点亮		251	最简单的时钟245驱动	
214	花样闪烁LED		235	显示心形		253	声光报警数字温度计	
215	译码器138应用		236	秒表		256	智能测距报警系统	
222	显示数字0123		240	外部中断(IT0=0)				

第四章　二维码

页码	实验名称	二维码	页码	实验名称	二维码
261	新电烙铁上锡		274	吸锡器的使用	
264	如何焊接元件		274	幸运转盘	
268	人体感应报警器		277	单片机电子琴	
272	声控旋律灯				